More Effective C# 中文版

涵蓋 C# 7.0

寫出良好C#程式的50個具體做法 第二版

獻給 *Marlene*、*Lara*、*Sarah* 與 *Scott*

他們為我所做的一切啟發了我的靈感！

目錄

第 3 章　以 Task 為基礎的非同步程式設計

第 4 章　平行處理

第 5 章　動態程式設計

第 6 章　參與全球 C# 社群

前言

C# 不斷的演進與改變。在這過程中，C# 的社群也在改變。現在更多的開發者視 C# 語言為他們首要的專業程式語言。我們社群的這些成員，並不會像一些在使用另一個以 C 為基礎的語言多年之後才開始使用 C# 的人一樣，有先入為主的成見。縱使是那些使用 C# 多年的開發者，近來的改變已帶來採用許多新習慣的需要。C# 語言自成為開源軟體以來革新的速度明顯是在加速中。現在檢視 C# 提議的功能之工作已納入整個社群，而不僅由一小群語言專家進行。整個社群也可以參與新功能的設計。

建議的架構改變以及配置也在改變 C# 開發者的語言慣用語法。以結合微服務（microservices）、分散式的程式，以及把資料與演算法分離等建立應用程式，是現代應用程式開發的所有要素。C# 語言也採納了擁抱這些慣用語法的步驟。

我在組織《*More Effective C#*》第二版時考慮了語言以及社群的改變。《*More Effective C#*》並不會帶領您回顧語言變革的歷史旅程，而是在如何使用現在的 C# 語言方面提出建議。從目前版本中移除的一些作法是在目前的 C# 語言或應用程式中不再適合的。新的做法包括新的語言與架構的功能，以及社群在使用 C# 建造數個版本的軟體產品時所學到的常規做法。早期版本的讀者會注意到《*Effective C#*》早期版本被納入目前版本的內容，同時大量的做法也已被移除。就目前的版本中，兩本書都已被我重新組織。整體而言，這 50 個做法是協助您作為一個專業開發者，能更有效使用 C# 的一組建議。

本書假設您是使用 C# 7，但這不是一個新語言功能的詳細解說。就像 Effective 軟體開發系列中所有的書一樣，這本書只是針對如何使用這些功能去解決您每天可能遇到的問題，提出實務上的建議而已。本書所涵蓋的 C# 7 功能是因為這些新的語言功能，可以帶來新的與更好的方式撰寫常用的慣用語法。網路搜尋依然可以找到一些已使用多年的早期解決方案。本書會特別指出這些較舊的建議，並解釋為何語言強化的項目能帶來較好的方法。

本書對象

《*More Effective C#*》是為想以 C# 作為主要程式語言的專業開發者所寫。本書假設您熟悉 C# 語法及語言特色，並且是大致上精通 C#。本書在語言功能方面並沒有包含教學式的指示。取而代之的是本書討論如何把現行版本 C# 的所有功能整合到您的日常開發中。

除了熟悉 C# 語言特色之外，本書假設您對共同語言執行環境（Common Language Runtime，CLR）及 just-in-time（JIT）編譯器有些認識。

關於內容

在現今的世界，到處都有資料。物件導向的思維是資料及程式碼為型別的一部分，並且是型別的責任所在。函數式的思維則視方法為資料。而服務導向的思維則把資料與處理資料的程式碼分離。C# 已演進為包含所有這些規範的共同語言慣用語法。這使您設計時的選擇較從前複雜。第 1 章將會討論這些選擇，並對不同用途挑選不同語言慣用語法提供指導。

程式設計主要是 API 設計。你就是如此向使用者表達你希望他們該如何使用你的程式碼，同時這也清楚的表明你理解其他開發者的需求及期盼。在第 2 章中，您將學到使用 C# 語言豐富的功能作為表達您意圖的最佳方式。您將會看到如何運用惰性求值（lazy evaluation）、建立可合成介面（composable interfaces），以及避免在您的公開介面中不同語言元素之間的混淆。

以 Task 為基礎的非同步程式設計提供由非同步的結構單元合成應用程式的新慣用語法。專精這些功能代表您可以為非同步操作建立能清楚地反映出程式碼會如何執行並且容易使用的 API。在第 3 章中，您將學到如何使用以

task 為基礎的非同步語言功能表達您的程式碼，如何跨多個服務執行並且使用不同的資源。

第 4 章探討非同步程式設計其中之一的特定子集：多執行緒平行處理（multithreaded parallel execution）。您將會看到 PLINQ 如何允許我們把複雜的演算法輕易的分解至多個核心及多個 CPUs。

第 5 章討論使用 C# 作為一個動態語言（dynamic language）。C# 是一個有強型別、靜態型別的語言。但是現在越來越多的程式同時具有動態和靜態型別。C# 提供您運用動態程式設計慣用語法的方法，而不會使整個程式喪失靜態型別的好處。在第 5 章中，您將會學習到如何運用動態功能，並且避免動態型別在整個程式中帶來麻煩。

第 6 章以如何參與全球 C# 社群來結束本書。我們有很多種方式可以參與社群，並且協助塑造我們每日使用的語言。

程式碼規範

在書中展示程式碼需要在空間和清晰度做某種妥協。我試圖把範例精簡到只專注於範例的焦點所在。通常這意味著需要省略一個類別或方法的其他部分。有時候這表示為節省空間起見而省略錯誤回復的部分。公開的方法應該驗證其引數和其他輸入，但是程式碼一般是因為空間的考量而予以省略。同樣因為空間的緣故，方法呼叫的驗證以及 `try/finally` 等通常在複雜的演算法中會出現的語句也在此省略。

當範例中用到一些常見的命名空間時，我通常會假設大部分開發者可找到適當的命名空間。您可以很安全的假設每一個範例都會自動包含下列 `using` 敘述：

```
using System;
using static System.Console;
using System.Collections.Generic;
using System.Linq;
using System.Text;
```

提供回饋

儘管我已經盡了我最大的努力，檢視本書的人也盡了他們的力量，錯誤還是有可能出現在內文和範例中。如果您認為您找到了一個錯誤，請使用 *bill@thebillwagner.com* 或 *Twitter@billwagner* 與我聯絡。勘誤表會公布於 *http://thebillwagner.com/Resources/MoreEffectiveCS*。本書中的許多做法是受其他 C# 開者 email 及 Twitter 交談所啟發。如果您有疑問或對於我的建議有評論，請與我聯絡。一般大眾有興趣的題材會在我的部落格 *http://thebillwagner.com/blog* 中討論。

本書的範例程式檔可從下列網址下載：
http://books.gotop.com.tw/v_ACL050600

致謝

有很多人對本書有所貢獻，我需要向他們致謝。多年來我有幸得以參與一個不可思議的 C# 社群。C# Insiders 通信名單中的每一個人（不管是在 Microsoft 裡工作或之外的人）都貢獻了想法與談話，使得這本書更好。

我必須特別提到 C# 社群內的一些成員，因為他們直接提供想法協助我，並把想法轉變為具體的建議。與 Jon Skeet、Dustin Campbell、Kevin Pilch、Jared Parsons、Scott Allen，特別是 Mads Torgersen 的交談，是目前版本中許多新想法的基礎。

在目前的版本，我有一組很優秀的技術編輯團隊。Jason Bock、Mark Michaelis 與 Eric Lippert 細讀內容及例子，並大幅改善您現在手中書籍的品質。他們的編輯工作仔細而且完備，是任何人期盼中最好的。除此之外，他們加入建議使我在許多題材有更好的說明。

與 Addison-Wesley 的團隊一起工作像是在做夢一樣。Trina Macdonald 是一位很棒的編輯、監工，並且是任何完成的是背後的驅動力。她十分依賴 Mark Renfrow 與 Olivia Basegio 的協助，而我也是如此。他們的貢獻確保了完成的稿子由封面到封底全都是高品質的努力成果。Curt Johnson 繼續在行銷技術內容方面有傑出的表現。無論您選擇本書的哪一種形式（印刷、電子版），Curt 都和本書任何形式的存在有關。

再次被列入 Scott Meyers 系列是一種榮譽。他翻閱了每篇手稿並提出改進建議和意見。Scott 非常得仔細。雖然他在軟體方面的經驗不在 C#，但總是能找到一些我沒有把作法講得很透徹的地方，或者完全證明我的建議之正當性。他的回饋，一如往常，在準備目前版本的過程中是很有價值的。

我的家庭和從前一樣，總是犧牲和我在一起的時間，使我能完成稿子。我的太太，Marlene，在我忙於寫作或準備範例時耐心的等待了無數個小時。沒有她的支持，我不可能完成這本或其他的書，更不可能像現在一樣滿意的完成這些計畫。

關於作者

Bill Wagner 是世界頂尖的 C# 開發者之一，並且是 ECMA C# 標準委員會的成員。他是 Humanitarian Toolbox 的總裁、曾被委任為 Microsoft Regional Director、當選 11 年的 .NET MVP，並在最近受 .NET Foundation Advisory Council 委任。Bill 曾協助的公司包括新創公司到大型企業，協助改善開發過程與建立開發團隊。他目前在 Microsoft 為 .NET Core 內容團隊工作。他創作開發者 C# 語言及 .NET Core 的訓練教材。Bill 獲得 University of Illinois at Champaign-Urbana 的電腦科學學士學位。

處理資料型別 1

C# 最初設計應用於支援物件導向設計技巧，把資料和功能性結合在一起。隨著它越來越成熟，增加了新的慣用語法以支援日漸受歡迎的程式設計規範。其中之一的趨勢就是把資料的儲存與處理資料的方法分離。這種趨勢是受分散式系統的風潮運動所驅使，其中應用程式被分解為數個較小的服務，每一個服務只實作單一功能或一小組相關的功能。採用新的策略來分離關注點，自然就會帶來新的程式設計技巧。同理，使用新的程式設計技巧也會帶來新的語言特色。

在本章中，你將會學到分離資料與處理資料的技巧。這些資料不一定是物件，有時候它們是函式和被動資料容器（passive data containers）。

作法 01 使用屬性取代可存取的資料成員

屬性始終都是 C# 功能之一，但自 C# 語言問世以來，數次的改進已使屬性更有表達力。舉例來說，你可以針對 getter 與 setter 宣告不同的存取限制。自動實作的屬性（auto properties）減少定義屬性（而不是資料成員）時打字的量，包括唯讀屬性。運算式主體（expression-bodied）成員則啟用更精簡的語法。如果你仍在你的型別中定義 public 欄位，請停止。如果你還在手動建立 get 與 set 方法，請停止。屬性讓你揭露資料成員作為 public 介面的一部分，而仍然讓你保有物件導向環境中的封裝特性。屬性是在存取時如同資料成員的語言元素，但其實作卻像方法。

型別的一些成員很適合被表示為資料：如客戶的名字、一個點的位置 (x, y) 或去年的收入。

屬性允許你建立一個介面，在使用時就好像直接存取資料成員一樣，但仍然保有方法的好處。客戶端程式碼存取屬性時和存取 public 欄位是一樣的。實際上，屬性使用方法實作，定義屬性存取子（accessors）的行為。

.NET Framework 假設你會使用屬性作為你的 public 資料成員。事實上，.NET Framework 中的資料繫結類別支援屬性而不支援 public 資料欄位。這在所有的資料繫結程式庫中都是成立的：如 WPF、Windows Forms 與 Web Forms。資料繫結把一個物件的屬性連結到使用者介面的控制項。資料繫結的機制使用反映（reflection）找到一個型別中的具名屬性（named property）。

```
textBoxCity.DataBindings.Add("Text",
    address, nameof(City));
```

上述程式碼把 textBoxCity 控制項的 Text 屬性繫結到 address 物件的 City 屬性。上述程式碼如改用一個名稱為 City 的 public 資料欄則不會成功，因為 Framework 類別庫的設計人不支援這種用法。使用 public 資料成員被視為一種壞習慣，所以在 Framework 類別庫中並沒有加入對它們的支援。這一項省略給了你跟隨適當的物件導向技術的另一個理由。

是的，資料繫結只能用在那些包含要顯示在你的使用者介面（UI）邏輯中的元素的類別。但這並不表示屬性只能應用在 UI 邏輯：你在其他類別與結構中也應該使用屬性。隨著時間過去，當你發現新的需求或行為時，屬性是更易於更改的。舉例來說，你可能決定你的客戶型別應該永遠不允許一個空白的名稱。如果你使用一個 public 屬性作為 Name（名稱），這個需求很容易變更，因為要更改的全都位於同一處：

```
public class Customer
{
    private string name;
    public string Name
    {
        get => name;
        set
        {
            if (string.IsNullOrWhitespace(value))
                throw new ArgumentException(
                    "Name cannot be blank",
```

```
                    nameof(Name));
            name = value;
        }
        // 更多省略
    }
}
```

如果你使用 public 資料成員，則會被卡住而到處尋找設定客戶名稱的程式碼，並試圖在該處修正。這會浪費你更多的時間－非常多的時間。

因為屬性是以方法實作，加入對多執行緒的支援更加容易。你可以加強 get 與 set 存取子的實作以提供對資料（更多細節請見作法 39）的同步存取：

```
public class Customer
{
    private object syncHandle = new object();

    private string name;
    public string Name
    {
        get
        {
            lock (syncHandle)
                return name;
        }
        set
        {
            if (string.IsNullOrEmpty(value))
                throw new ArgumentException(
                    "Name cannot be blank",
                    nameof(Name));
            lock (syncHandle)
                name = value;
        }
    }
    // 更多省略
}
```

屬性與方法有著相同的語言特色。特別是，屬性可以是 virtual：

```
public class Customer
{
```

```
    public virtual string Name
    {
        get;
        set;
    }
}
```

請注意先前幾個例子用的都是隱含型屬性（implicit property）語法。建立一個屬性來包裝一個支援存放區（backing store）是一種常見的模式。通常屬性的 getters 或 setters 都不需要驗證邏輯。C# 語言支援經過簡化的隱含型屬性，以減少揭露一個簡單的欄位作為屬性時形式上必須要寫的程式碼。編譯器會為你建立一個 private 欄位（通常稱為一個支援存放區）並為 get 與 set 存取子實作明顯的邏輯。

你可以使用和隱含型屬性類似的語法，把屬性擴充為 abstract，定義屬性為介面定義的一部分。以下的例子將示範一個泛型介面中的屬性定義。雖然語法和隱含型屬性一致，但是這個介面的定義不包含任何實作。它定義了任何實作這個介面的型別所必須滿足的協定。

```
public interface INameValuePair<T>
{
    string Name { get; }

    T Value { get; set; }
}
```

屬性是完整的、一級的、延伸方法的語言元素，可用來存取或修改內部資料。任何你可以用成員函式做的事，都可以用屬性做。屬性同時可避免在欄位可能發生的重大缺陷：你不可以使用 `ref` 或 `out` 關鍵字把屬性傳遞給方法。

屬性的存取子是編譯到你的型別中的兩個不同方法。你可以在 C# 的屬性中為 get 和 set 指定不同的存取修飾詞。這個彈性使你對被揭露為屬性的資料成員在可見性方面有更大的操控權：

```
public class Customer
{
    public virtual string Name
    {
```

```
        get;
        protected set;
    }
    // 省略其餘實作
}
```

屬性語法可以延伸到簡單資料欄位以外。如果你的型別包含有索引的項目作為介面的一部分，你也可以使用索引子（indexers，也就是參數化的屬性）。這是建立一個屬性供傳回序列（sequence）中項目的好方法：

```
public int this[int index]
{
    get => theValues[index];
    set => theValues[index] = value;
}
     private int[] theValues = new int[100];

// 存取索引子：
int val = someObject[i];
```

索引子和單一項目屬性（single-item properties）有相同的語言支援：索引子在寫的時候是以方法實作，因此你可以在索引子內做任何驗證或計算。索引子可以是 virtual 或 abstract、可以在介面中宣告，也可以是唯讀或可讀寫。單一維度使用數值引數的索引子可參與資料繫結。其他的索引子可使用非整數型引數定義對應：

```
public Address this[string name]
{
    get => addressValues[name];
    set => addressValues[name] = value;
}
private Dictionary<string, Address> addressValues;
```

在 C# 中維護多維度陣列時，你可以建立多維度索引子，在每個維度使用相似或不同的型別：

```
public int this[int x, int y]
    => ComputeValue(x, y);

public int this[int x, string name]
    => ComputeValue(x, name);
```

請注意所有的索引子都是用 this 關鍵字宣告。在 C# 中你不可以命名索引子，因此在一個型別中每一個索引子必須有一個不同的引數列以免混淆。幾乎屬性中所有的功能在索引子都有：索引子可以是 virtual 或 abstract；索引子的 setters 與 getters 可以有不同的存取限制。但是有一個差異，即不可以像屬性一樣定義隱含型索引子。

以上屬性的功能非常完善與好用，與先前 C# 版本相比是好的改進。縱使如此，你可能依然試圖先以資料成員開始實作，然後當你需要使用上述優點才開始使用屬性替換資料成員。這聽起來像是一個合理的策略－但這是錯誤的。請參考類別定義以下所列的部分：

```
// 使用 public 資料成員，不良習慣：
public class Customer
{
    public string Name;

    // 省略其餘實作
}
```

這個類別定義描述了一個有名字的客戶。你可以用熟悉的成員記號 get 或 set 名字：

```
string name = customerOne.Name;
customerOne.Name = "This Company, Inc.";
```

這很簡單且直接。你可以想像隨後你用一個屬性去替換 Name 資料成員，而且其他程式不需更改依然可運作。但這只有部分是真的。屬性在被存取時本來就是要像資料成員一樣；這本來就是語法的目的。但是屬性**不是**資料；一個屬性的存取和資料成員的存取會產生不同的 Microsoft 中繼語言（Microsoft Intermediate Language，MSIL）指令。

雖然屬性和資料成員的資料來源是相容的，但是它們的機器碼是不相容的。顯而易見的是這個限制代表你由一個 public 資料成員改為一個相應的 public 屬性時，必須重新編譯原先使用 public 資料成員的程式碼。C# 視二進位的 assemblies 為一級成員。語言的其中一個目標是允許你釋出一個單一 assembly 的更新而不需要更新整個應用程式。由一個資料成員改為一個屬性的簡單動作打破了機器碼的相容性，使得更新一個已經部署的 assembly 更為困難。

當我們看到一個屬性的 MSIL 指令碼時，可能會想到屬性和資料成員相對的效能比如何？屬性的效能將不會比存取資料成員快，但是也不會比較慢。just-in-time（JIT）編譯器會內嵌一些呼叫，其中包含屬性的存取子。當 JIT 編譯器內嵌屬性存取子時，資料成員和屬性的效能是一樣的。縱使屬性存取子沒有被內嵌時，實際的效能差異也只有一個函式呼叫，差異甚小。這個差異只在少部分情況下可測量到。

屬性是在呼叫的程式碼中可看到的方法，就像資料一樣，這一點可能為你使用者的想法中帶來一些期待。他們看到屬性的存取，就以為那是一個資料的存取。畢竟，表面上看起來是如此。你的屬性存取子就被期待滿足這些預期。get 存取子不應有任何可觀察到的副作用。相對的，set 存取子更新狀態，而使用者應該可以看到這些改變。

屬性存取子也會使你的使用者有效能上的期待。屬性的存取和資料欄位的存取相像。屬性的存取在效能上的特徵不應該和簡單資料存取有太大的差異。屬性存取子不應該進行長的計算，或跨應用程式的呼叫（如進行資料庫查詢），或做其他較耗時的操作，以免和使用者對屬性存取子的預期不符。

每當你要透過型別的 public 或 protected 介面揭露資料，則使用屬性。針對序列或 dictionaries 則使用索引子。所有資料成員都是 private 而沒有例外。有了這些選擇，你立即會取得資料繫結的支援，而且在未來更改方法的實作也會更容易。把任何的變數封裝在你的屬性內也只不過是在一天中會多打字一兩分鐘而已。相較之下，才發現你之後需要用屬性才能正確反應你的設計會需要數小時的工作。現在多花一點點時間，就能節省你未來的許多時間。

作法 02　可變動的資料優先使用隱藏屬性

在 C# 屬性語法上新增的部分可讓你使用屬性以更清楚的表達你設計的意圖。現代的 C# 語言也支援你在一段時間之後改變你的設計。只要開始使用屬性，你就開啟了許多未來的可能性。

當你加入可存取的資料到類別時，通常屬性存取子只是資料欄位的簡單包覆。如果是這個情況，你可以用隱含式屬性增加程式碼的可讀性：

```
public string Name { get; set; }
```

編譯器使用由編譯器產生的名稱建立支援欄位（backing field）。因為支援欄位的名稱是由編譯器產生的，縱使在類別中你也需要呼叫屬性存取子，而不是直接更動支援欄位。這不是一個問題：呼叫屬性存取子的工作是相同的，而且因為所產生的屬性存取子是一個單一的指派敘述，屬性存取子的呼叫很可能是內嵌的。隱含式屬性在執行期行為和存取支援欄位的執行期行為是一樣的，甚至在效能方面也是如此。

隱含式屬性支援相同的屬性存取修飾詞，和一般的屬性相同。你可以定義任何限制性更大的 set 存取子：

```
public string Name
{
    get;
    protected set;
}
// 或
public string Name
{
    get;
    internal set;
}
// 或
public string Name
{
    get;
    protected internal set;
}
// 或
```

```
public string Name
{
    get;
    private set;
}
// 或
// 只能在建構函式中設定：
public string Name { get; }
```

隱含式屬性和你在先前版本 C# 中使用一個支援欄位手動建立一個屬性的模式是相同的。使用隱含式屬性的好處是生產力更高了，而且你的類別可讀性更高。一個隱含式屬性宣告顯示其他人所讀到的程式和你想要寫的程式是完全相同的，不會因為檔案中有額外的資訊而隱藏了真正的含意。

當然，因為隱含式屬性產生的程式碼和一般的屬性相同，你也可以用隱含式屬性定義 virtual 屬性、override virtual 屬性，或實作一個介面中定義的屬性。

當你建立一個 virtual 的隱含式屬性時，衍生（derived）的類別無法存取編譯器產生的支援存放區。但是 overrides 可以存取基底屬性 get 與 set 方法，就如同它們可以存取任何其他 virtual 方法一般：

```
public class BaseType
{
    public virtual string Name
    {
        get;
        protected set;
    }
}

public class DerivedType : BaseType
{
    public override string Name
    {
        get => base.Name;
        protected set
        {
            if (!string.IsNullOrEmpty(value))
                base.Name = value;
        }
```

```
    }
}
```

使用隱含式屬性你可以得到兩個額外的好處。第一，當需要把隱含式屬性用具體的實作取代以達成資料驗證或其他動作的時候，你將會是針對你的類別做機器碼相容的改變。第二，你的驗證只會出現在一個位置。

在早期 C# 語言版本中，大部分開發者直接存取支援欄位來改變他們的類別。這種習慣在整個檔案中到處散佈攜帶有驗證與錯誤檢查的程式碼。每一個對隱含式屬性的支援欄位之變動都會呼叫（可能是 private 的）屬性存取子。你必須把隱含式屬性存取子改為明確的屬性存取子，然後在新的存取子中寫出所有的驗證邏輯。

```
// 原來版本
public class Person
{
    public string FirstName { get; set;}
    public string LastName { get; set; }
    public override string ToString() =>
        $"{FirstName} {LastName}";
}

// 後來加入驗證部分
public class Person
{
    public Person(string firstName, string lastName)
    {
        // 運用屬性 setters 中的驗證：
        this.FirstName = firstName;
        this.LastName = lastName;
    }
    private string firstName;
    public string FirstName
    {
        get => firstName;
        set
        {
            if (string.IsNullOrEmpty(value))
                throw new ArgumentException(
                    "First name cannot be null or empty");
            firstName = value;
```

```
        }
    }

    private string lastName;
    public string LastName
    {
        get => lastName;
        private set
        {
            if (string.IsNullOrEmpty(value))
                throw new ArgumentException(
                    "Last name cannot be null or empty");
            lastName = value;
        }
    }
    public override string ToString() =>
        $"{FirstName} {LastName}";
}
```

當你使用隱含式屬性時，把所有的驗證碼建在同一個位置。如果你可以持續使用你的存取子而不是直接存取支援欄位，則所有的欄位驗證就可以集中在一個位置。

隱含式屬性有一個重要的限制：你不可以把隱含式屬性用在具有 `Serializable` attribute 的型別。儲存的檔案格式會和支援存放區中編譯器所產生的欄位名稱有關。該欄位名稱無法保證會保持不變，即表示任何時候只要你更動了類別，該欄位名稱都可能改變。

儘管有兩個限制，但隱含式屬性可節省開發時間、產出可讀性較佳程式碼，而且促進一種把所有欄位驗證集中於一處的開發風格。當你建立了更清晰的程式碼，就可能用更好的方法去維護它。

作法 03　實值型別優先使其具不可變性

不可變的型別（immutable types）很容易了解：在型別被建立後，它們成為常數。如果你驗證用來建構物件的引數，則可以確認從該時刻起該物件是處於正確的狀態：你不能改變物件內部的狀態使物件不正確。如果能在建構物件之後防止任何狀態的改變，則你會節省許多用來做錯誤檢查的時間。不可變的型別本質上是執行緒安全的（thread safe）：多個閱讀者可讀到相同的內容。如果內部狀態不能改變，不同的執行緒不可能會看到不一致的資料。不可改變的型別可由你的物件安全的被匯出，因為呼叫者無法改變你物件的內部狀態。

不可變的型別在以雜湊為基礎的集合（hash-based collections）中運作較好。由 `Object.GetHashCode()` 傳回的值必須是具實體不變性（instance invariant）（請見作法 10），而對不可變的型別而言這永遠是對的。

在實際上很難使每個型別不可變。這就是為什麼此建議適用於單元的（atomic）及不可變的實值型別（value types）。分解你的型別為自然形成單一項目的結構。一個地址是一個由多個相關欄位所組成的單一個體，而改變其中之一的欄位往往可視為其他欄位也改變。相對的，一個客戶型別就不是一個單元型別（atomic type）。一個客戶型別可能包括多種不同的資訊－一個地址、一個名稱及一個或多個電話號碼－而任何這些獨立的資訊都可能改變。一個客戶可能電話號碼改了而地址沒有變動。一個客戶可能改變地址，但仍然使用相同的電話號碼。一個客戶可能改變他或她的名稱，而地址電話都沒改。一個客戶**物件**不是單元的；它是由多個不同的不可變型別使用合成（composition）所建立的，其中有一個地址、一個名稱或一個電話號碼／種類配對所組成的集合。單元型別是單一實體：你會自然而然的替換一個單元型別的整體內容。可能的例外是當你改變組成欄位之一時。

以下是可變動的 address 型別實作：

```
// 可變動 Address 結構
public struct Address
{
    private string state;
    private int zipCode;
```

```
    // 使用預設系統產生的
    // 建構函式

    public string Line1 { get; set; }
    public string Line2 { get; set; }
    public string City { get; set; }
    public string State
    {
        get => state;
        set
        {
            ValidateState(value);
            state = value;
        }
    }

    public int ZipCode
    {
        get => zipCode;
        set
        {
            ValidateZip(value);
            zipCode = value;
        }
    }

    // 其餘細節省略
}

// 使用範例：
Address a1 = new Address();
a1.Line1 = "111 S. Main";
a1.City = "Anytown";
a1.State = "IL";
a1.ZipCode = 61111;
// 修改：
a1.City = "Ann Arbor"; // Zip、State 現在不正確
a1.ZipCode = 48103; // State 依然不正確
a1.State = "MI"; // 現在對了
```

內部狀態改變代表有可能違反了物件的不變性，至少是暫時性如此。在你替換 city 欄之後，已將 a1 置於不正確的狀態。city 欄改變後已不再和 state

或 ZipCode 欄吻合。程式碼看起來沒什麼大傷害，但如假設這片段是一個多執行緒程式的一部分：在 city 欄改變後的任何 context switch 並在 state 欄位改變之前，可能導致另一執行緒會看到不一致的資料。

縱使你不是在寫一個多執行緒的程式，但依然可能因為內部狀態的改變而遇到麻煩。假設 ZipCode 不正確而 set 存取子發出一個例外。你只完成了你想要做的改變的一部分，而你已使系統處於不正確的狀態。要改正這個問題，你需要加入相當數量的內部驗證程式碼到 address 結構。那一段驗證的程式碼會導致整體程式碼的大小及複雜度增加。如要周詳的實作防範例外的安全性，你會需要在任何會更改超過一個欄位的程式碼區段中建立防衛性程式碼。執行緒安全會需要在每一個存取子 sets 與 gets 中加入足夠的執行緒同步檢查。總而言之，這需要相當大的努力，而且隨著時間當你加入新的功能時會繼續擴大。

如果你需要 Address 物件是一個 `struct`，比較好的做法是使它不可變。首先為外部的使用者把有實體欄位改為唯讀。

```
public struct Address
{
    // 其餘細節省略
    public string Line1 { get; }
    public string Line2 { get; }
    public string City { get; }
    public string State { get; }
    public int ZipCode { get; }

    public Address(string line1,
        string line2,
        string city,
        string state,
        int zipCode) :
        this()
    {
        Line1 = line1;
        Line2 = line2;
        City = city;
        ValidateState(state);
        State = state;
        ValidateZip(zipCode);
```

```
        ZipCode = zipCode;
    }
}
```

現在你有了一個不可變的型別，建立在 public 介面上。為了使這型別可用，你需要加入所有需要的建構函式來完全初始化 Address 結構。Address 結構只需要一個額外的建構函式，用來指定每一個欄位。此處不需要一個複製建構函式（copy constructor）因為指派運算子（assignment operator）一樣有效。請記住，預設的建構函式依然是可以存取的，其中預設的 address 中所有的字串都是空無的，而 ZIPCode 是 0。

```
public Address(string line1,
    string line2,
    string city,
    string state,
    int zipCode) :
    this()
{
    Line1 = line1;
    Line2 = line2;
    City = city;
    ValidateState(state);
    State = state;
    ValidateZip(zipCode);
    ZipCode = zipCode;
}
```

使用不可變的型別需使用稍有不同的呼叫程序改變它的狀態。更明確地說，你會建立一個新的物件而不是修改既有的實體。

```
// 建立一個 address：
Address a2 = new Address("111 S. Main",
    "", "Anytown", "IL", 61111);

// address 更改，重新初始化：
a2 = new Address(a1.Line1,
    a1.Line, "Ann Arbor", "MI", 48103);
```

a1 的值是等於兩個狀態其中之一：原來位於 Anytown 的或更新後位於 Ann Arbor 的。你不要更改現有的 address，以免由先前的例子建立不正確的臨時狀態。那些暫時性的狀態只存在於 Address 建構函式執行時期，並且在該建構函式之外不可見。一旦新的 Address 物件建構完成後，它的值就永久固定。這段程式碼是有例外安全性的：a1 要不是持有原來的值，否則就是持有新的值。如果在新的 Address 物件建構函式執行時發生例外，a1 原來的值不會發生改變。

建立不可改變的型別時，你必須確保你的程式碼沒有任何漏洞允許客戶端得以改變你的內部狀態。實值型別不支援衍生型別，因此你不需要防範衍生型別改變欄位的可能性。相反地，你必須要小心不可改變型別中任何使用可變參考型別的欄位。當你實作這些型別的建構函式時，需要針對該可改變的型別做防禦性的複製（defensive copy）。以下的所有例子假設 Phone 是一個不可改變的實值型別，因為我們只關注於實值型別的不可變性。

```
// 幾乎不可變：有漏洞
// 允許狀態改變
public struct PhoneList
{
    private readonly Phone[] phones;

    public PhoneList(Phone[] ph)
    {
        phones = ph;
    }

    public IEnumerable<Phone> Phones
    {
        get { return phones; }
    }
}

Phone[] phones = new Phone[10];
// 初始化 phones
PhoneList pl = new PhoneList(phones);

// 修改 phone 清單：
// 同時修改（本該是）不可改變的物件
// 的內部
phones[5] = Phone.GeneratePhoneNumber();
```

Array 類別是一個參考型別。在本例中，在 PhoneList 結構內參考的 array 指向物件外所配置的 array 儲存體（phones）。現在開發者可以透過另一個指向相同儲存體的變數修改你的不可改變的結構。如果要消除這個可能性，你需要針對 array 做一個防禦性的複製。Array 是一個可變的型別，所以替代辦法是使用 System.Collections.Immutable 命名空間中可找到的 ImmutableArray 類別。前一個例子顯示出可改變的集合之缺點。如果 Phone 型別是一個可改變的參考型別會帶來更多錯誤的可能性。縱使防範對集合做任何更改，但客戶端可以更改集合中的值。如果使用 ImmutableList 集合型別這個問題就很容易改正：

```
public struct PhoneList
{
    private readonly ImmutableList<Phone> phones;

    public PhoneList(Phone[] ph)
    {
        phones = ph.ToImmutableList();
    }

    public IEnumerable<Phone> Phones => phones;
}
```

型別的複雜度主宰了三個策略中你會用哪一個去初始化不可改變的型別。第一，你可以定義一個建構函式來允許客戶端初始化一個物件，就像 Address 結構定義了一個建構函式來允許客戶端初始化一個地址。定義合理的一組建構函式往往是最簡單的方式。

第二，你可以建立工廠方法（factory methods）來初始化結構。工廠使得建立常用的值更為容易。.NET Framework 中 Color 型別採用這個策略初始化系統顏色。Static 方法 Color.FromKnownColor() 與 Color.FromName() 傳回一份代表某一系統顏色的顏色值。

第三，你可以為那些需要多個步驟才能完成建構的不可改變的型別實體建立可改變的伴隨類別（mutable companion class）。.NET string 類別以 System.Text.StringBuilder 類別跟隨這個策略。你可以使用 StringBuilder 類別以多個步驟建立一個 string。在完成建立 string 所需的所有步驟之後，你可以由 StringBuilder 取得不可改變的 string。

不可改變的型別程式更容易寫也更容易維護。不要盲目地為你型別中的每一個屬性建立 get 與 set 存取子。在型別儲存資料方面，更應實作不可改變的單元值型別。由這些項目你可以更容易地建立複雜的結構。

作法 04 區分實值與參考型別

實值型別或參考型別？結構或類別？何時該用哪一個？ C# 不像 C++，可以讓你把所有型別定義為實值型別，並且建立參考。C# 也不像 Java，所有東西都是參考型別（除非你是語言設計人之一）。

你必須在建立該型別時決定型別的所有實體行為為何。這個重要的決定第一次就必須正確。隨後你就必須承受這個決定的後果，因為後來的改變可導致相當多的程式以意想不到的方式出問題。在你建立型別時，選擇 `struct` 或 `class` 關鍵字很簡單，但當你變更之後要更新所有使用你的型別的客戶端卻需要更多的功夫。

做最好的決定不比由一些策略中選擇一個來得簡單。不一樣的是，對的選擇和你預期如何使用新型別有關。實值型別不是多型（polymorphic）的，所以實值型別比較適合用來儲存應用程式中處理的資料。參考型別可以是多型的，因此應該用來儲存應用程式的行為。考慮你的新型別預期要負的責任，然後基於這些責任決定要建立哪一種型別。結構用來儲存資料，類別定義行為。

基於經常在 C++ 與 Java 中發生的問題，實值型別與參考型別的區別被加入至 .NET 與 C# 中。在 C++ 中，所有引數及回傳值都是以值傳遞。以值傳遞是很有效率的，但是這有一個問題：部分複製（partial copying；有時候稱為切割物件）。如果你使用的是有一個基底物件的衍生物件，只有物件基底的部分被複製。這代表你基本上喪失了有衍生物件曾存在的資訊。甚至呼叫 virtual 函式也會被傳至基底類別的版本。

Java 語言對這個問題的回應是大體上把實值型別由語言移除。所有使用者定義的型別都是參考型別。在 Java 中，所有引數及回傳值都是傳遞參考（passed by reference）。這個策略有一致性的好處，但代價就是效能。事實是，有些型別不是多型的－而且它們本就不該如此。Java 程式設計者承受了一個堆積（heap）配置的代價，以及最終每個物件實體的 garbage collection 記憶體回收。他們付出的另一個代價是需要花時間解除每一個 `this` 的參考，以便存取一個物件的任何成員。所有變數都是參考型別。

在 C# 中，你使用 `struct` 或 `class` 關鍵字宣告一個新的型別為實值型別或參考型別。實值型別應該是小的、輕量級的型別。參考型別形成你的類別階層。本節檢驗一個型別的不同用法以幫助你了解實值型別與參考型別之間所有差異。

首先來討論下列型別，用做一個方法的回傳值：

```
private MyData myData;
public MyData Foo() => myData;

// 呼叫：
MyData v = Foo();
TotalSum += v.Value;
```

如果 MyData 是實值型別，回傳的內容被複製到 v 的儲存體。但是，如果 MyData 是參考型別，你指示匯出參考到一個內部變數－而你已違反了封裝的原則。這使得呼叫者可以越過你的 API（請見作法 17）而修改物件。

現在參考這個改變後的版本：

```
public MyData Foo2() => myData.CreateCopy();

// 呼叫：
MyData v = Foo2();
TotalSum += v.Value;
```

在本例中，v 是原來 MyData 的複製。因為 MyData 是參考型別，二個物件都是被建立在堆積上。你不會有暴露內部資料的問題。反而是你在堆積上建立了額外的一個物件。總而言之，這程式碼是沒有效率的。

用來透過 public 方法與屬性輸出資料的型別應該用實值型別。當然，不是每個由 public 成員回傳的型別都應該是一個實值型別。這裡有一個假設是早先程式碼片段中的 MyData 是用來儲存值的。事實上，MyData 的責任就是儲存這些值。

但是，請參考這個替代的程式碼片段：

```
private MyType myType;
public IMyInterface Foo3()
    => myType as IMyInterface;

// 呼叫
IMyInterface iMe = Foo3();
iMe.DoWork();
```

myType 變數依然由 Foo3 方法回傳。但是現在並非存取回傳值中的資料，物件的存取是透過一個既定的介面呼叫一個方法。

這個簡單的程式碼片段突顯了一個重要的差異性：實值型別儲存值，而參考型別儲存行為。以類別定義的參考型別有豐富的機制可用來定義複雜的行為。繼承是可能發生的。可變性對參考型別而言是較容易處理的。介面的實作並不一定代表會有 boxing 與 unboxing 操作。實值型別有較簡單的機制。你可以建一個 public API 來實作不變性，但塑模複雜的行為是較有挑戰性的。當你要塑模複雜行為時，使用參考型別。

現在我們來看這些型別在記憶體中如何儲存，以及儲存模式的效能表現層面。參考下列的類別：

```
public class C
{
    private MyType a = new MyType();
    private MyType b = new MyType();

    // 其餘實作省略
}

C cThing = new C();
```

有多少物件被建立？它們有多大？答案是要看情況。如 MyType 是實值型別，則你作了一個配置。該配置的大小是 MyType 大小的兩倍。但是，如 MyType 是參考型別，則你做了三個配置：一個是 C 物件的配置，大小是 8 個位元組（假設是 32 位元指標），以及兩個配置給 C 物件中所包含的每個 MyType 物件。差別是因為實值型別的儲存是內嵌在一個物件中，而參考型別不是。每個參考型別的變數都儲存了一個參考，而儲存需要額外的配置。

更進一步，參考這個配置：

```
MyType[] arrayOfTypes = new MyType[100];
```

如果 MyType 是實值型別，會發生大小為 MyType 物件大小 100 倍的一個配置。但是，如果 MyType 是參考型別，只有一個配置會發生。陣列中每個元素是空無。當你初始化陣列中的每個元素後，你就會做 101 個配置－而 101 個配置比 1 個配置需要更多的時間。配置大量的參考型別會使得堆積支離破碎，而且使效能慢下來。如果你建立的型別是用來儲存資料的，就該使用實值型別。這是參考型別相對於實值型別決策過程的最後一點，而這點是你選擇一種型別而不選另一種時，較不重要的理由。我們先前討論型別的本意是更為重要的考量。

實作一個實值型別或一個參考型別是一個重要的決定。把一個實值型別改為一個參考型別需要做大量的更改。參考以下的型別：

```
public struct Employee
{
    // 屬性省略
    public string Position { get; set; }

    public decimal CurrentPayAmount { get; set; }

    public void Pay(BankAccount b)
        => b.Balance += CurrentPayAmount;
}
```

這個簡單的型別包含一個方法，可用來付款給你的僱員。過了一段時間，系統運作得非常良好。但隨著公司的增長，你決定把雇員分為不同的類別：業務人員會得到佣金，而經理得到紅利。你決定把 Employee 型別更改為一個類別：

```
public class Employee
{
    // 屬性省略
    public string Position { get; set; }

    public decimal CurrentPayAmount { get; set; }

    public virtual void Pay(BankAccount b) =>
```

```
        b.Balance += CurrentPayAmount;
}
```

這個更改中斷了大部分使用你 Employee struct 的程式碼。以實值回傳變成以參考回傳。過去以實值傳送的引數現在改為以參考傳送。這一小段程式碼帶來巨大的改變：

```
Employee e1 = Employees.Find(e => e.Position == "CEO");
BankAccount CEOBankAccount = new BankAccount();
decimal Bonus = 10000;
e1.CurrentPayAmount += Bonus; // 加入一次性紅利
e1.Pay(CEOBankAccount);
```

原來只是一次性的加入紅利卻變成了永久加薪。原先使用的是實值的一份複本，而現在則是由參考指向位址。編譯器很高興為你做這個改變。CEO 也許也會很高興。但是 CFO 肯定不高興，而且會報告這個錯誤。就如同這個例子所示範，事實是：改變了型別就改變了行為。關於實值型別與參考型別，你是不可以改變想法的。

在先前的例子，問題的發生是因為 Employee 型別不再跟隨實值型別的指導原則。除了儲存定義一位雇員的資料成員之外，你還加入了責任－在此例中是付款給雇員。責任是屬於類別型別的領域。類別可針對常見的責任輕易定義多型的實作；結構不能如此，因而局限於用在儲存值。

.NET 的文件建議在選擇使用實值型別時考慮型別的**大小**。實際上，更好的決定因素是型別的**用途**。有簡單的結構或者用來攜帶資料是實值型別的理想選擇。可確定的是，實值型別在記憶體管理方面更有效率：它們會導致更少堆積的破碎、更少的記憶體回收與更少的重導向。更重要的是當實值型別由方法或屬性回傳時是用複製的。沒有暴露可改變的內部結構參考之危險，因而開啟未預期的狀態改變之機會。但不利之處是你必須承受功能方面的代價。實值型別在常見的物件導向技巧的支援較受侷限。你不能建立實值型別的物件階層。所有的實值型別都是被自動封閉。你可以定義實作介面的實值型別，但需要用 boxing，《*Effective C#*，第三版》作法 9 顯示這會導致效能的下降。

把實值型別想成一個容器，而不是以物件導向的思維看作一個物件。

在你的程式設計工作中，你毫無疑問的建立參考型別會多於實值型別。如果以下問題你的回答全是 yes，你就應該建立一個實值型別。如想了解如何操作這些問題，可以用先前 Employee 範例的場景回答這些問題：

1. 這個型別的主要工作是儲存資料嗎？
2. 我可否使這個型別不可改變？
3. 我是否預期此型別是小的？
4. 型別的 public 介面是完全由存取資料的屬性所定義的嗎？
5. 是否有信心本型別永遠不會有子類別？
6. 是否有信心本型別永遠不會有多型的處理？

把低階的資料儲存型別建立為實值型別。你的應用程式行為使用參考型別建立。採用這個策略，你就可以安全的複製由你的類別物件匯出的資料。你的記憶體使用將享受以堆疊為基礎，並且是內嵌式值的儲存之好處，然後用標準的物件導向技術來建立應用程式的邏輯。如果對預定的使用有疑問，就使用參考型別。

作法 05 確保 0 是實值型別的有效狀態

預設的 .NET 系統初始化過程是把所有物件全設為 0。你無法防止其他程式設計師建立一個在初始化時全設為 0 的實值型別之實體，你只能將此視為你的型別之預設值。

enum 是一個特殊情況。你永遠不應該建立一個不包含 0 作為正確選項的 enum。所有的 enums 都是繼承自 System.ValueType。列舉（enumeration）的值由 0 開始，但是你可以改變這個行為：

```
public enum Planet
{
    // 明確的指派值
    // 否則預設是由 0 開始
    Mercury = 1,
    Venus = 2,
    Earth = 3,
    Mars = 4,
```

```
    Jupiter = 5,
    Saturn = 6,
    Uranus = 7,
    Neptune = 8
    // 第 1 版包含 Pluto
}

Planet sphere = new Planet();
var anotherSphere = default(Planet);
```

sphere 與 anotherSphere 的值都是 0，但是這不是一個正確的值。因此，任何程式碼只要是依據 enum 是受限於一組既定的列舉值的事實，都不能正常運作。當你建立你自己 enum 的值時，要確定其中包含 0。如果你在你的 enum 中使用位元模式時，定義其他屬性全沒有出現時為 0。

就現在的版本而言，你強迫所有使用者明確地初始化值：

```
Planet sphere2 = Planet.Mars;
```

這使得建立其他包含此型別的實值型別更為困難：

```
public struct ObservationData
{
    private Planet whichPlanet; // 我在看什麼？
    private double magnitude; // 感測的亮度
}
```

建立一個新的 ObservationData 物件的使用者會建立一個不正確的 Planet 欄位：

```
ObservationData d = new ObservationData();
```

新建的 ObservationData 物件 magnitude 值為 0，而這是合理的。whichPlanet 欄卻是不正確的。你需要使 0 成為一個正確的狀態。如果可能，把最佳預設選項的值設為 0。但是 Planet enum 沒有一個明顯的預設項：使用者沒有選擇時，隨意挑一個星球並不合理。如果遇到這種情況，使用 0 表示未經初始化的值，並於後來更新：

```
public enum Planet
{
```

```
    None = 0,
    Mercury = 1,
    Venus = 2,
    Earth = 3,
    Mars = 4,
    Jupiter = 5,
    Saturn = 6,
    Neptune = 7,
    Uranus = 8
}

Planet sphere = new Planet();
```

現在 sphere 的值為 None。加入這個非初始化預設值到 Planet enum 會向上波及到 ObservationData 結構，使得新建的 ObservationData 物件的 magnitude 為 0，並以 None 作為目標。加入一個明確的建構函式，讓你的型別使用者可以明確地初始化所有欄位：

```
public struct ObservationData
{
    Planet whichPlanet; // 我在看什麼？
    double magnitude; // 感測的亮度

    ObservationData(Planet target,
        double mag)
    {
        whichPlanet = target;
        magnitude = mag;
    }
}
```

請記得預設的建構函式依然可見，並且是結構的一部分。使用者可以建立一個由系統預設值初始化的版本，而你卻無法阻止他們。

上述程式碼依然有缺點，因為沒觀察到東西並不合理。在這個特殊情況中，你可以經由把 ObservationData 改為一個類別解決問題，因為這代表無引數的建構函式不需要可供存取。縱使如此，在你建立一個 enum 時，無法迫使其他開發者遵守這些規則。一個 enum 是整數的薄層外包覆。如果一組整數常數無法提供你所需要的抽象化，考慮用另一個語言特色替代。

在我們談其他實值型別之前，你需要了解使用 enum 作為旗標（flag）時的一些特別規則。使用 Flags 屬性的 enum 應永遠設定 None 值為 0：

```
[Flags]
public enum Styles
{
    None = 0,
    Flat = 1,
    Sunken = 2,
    Raised = 4,
}
```

許多開發者把旗標列舉與位元 AND 運算子（bitwise AND operator）一起使用。很不幸的，0 值會導致位元旗標發生嚴重的問題。舉例說明，請看以下的測試。在測試中，如果 Flat 的值為 0，則測試條件永不會成立：

```
Styles flag = Styles.Sunken;
if ((flag & Styles.Flat) != 0) // 如果 Flat = 0，則永不為 true
    DoFlatThings();
```

如果你使用 Flags，請確保 0 是有效的，用以表示「缺乏任何的旗標」。

另一個常見的初始化問題與包含參考的實值型別有關。字串就是常見的例子：

```
public struct LogMessage
{
    private int ErrLevel;
    private string msg;
}

LogMessage MyMessage = new LogMessage();
```

MyMessage 在它的 msg 欄位含有一個空無的參考。我們無法做不同的初始化，但你可以用屬性控制問題。假設你建立一個屬性來匯出 msg 的值給你的客戶端。加入邏輯使屬性傳回空字串而不是空無：

```
public struct LogMessage
{
    private int ErrLevel;
    private string msg;
```

```
    public string Message
    {
        get => msg ?? string.Empty;
        set => msg = value;
    }
}
```

你應該在你自己型別內使用這屬性。如此做可把空無參考的檢查局限於一個地方。當由你的 assembly 中呼叫時，Message 存取子幾乎確定是內嵌的。當你採用本策略時，將得到有效率的程式設計及減少錯誤風險的好處。

系統把所有實值型別的實體初始化為 0。沒有方法可以防止使用者建立全為 0 的實值型別的實體。如果可能，把全為 0 的情況作為自然的預設值。其中的一個特例是使用旗標的 enum 應確保把 0 用於表示缺乏任何旗標。

作法 06 確保屬性運作如資料一般

屬性有雙重的角色。由外部來看，屬性看起來是被動的資料元素（passive data elements）。但在內部，它們是作為方法實作。這個雙重角色可導致你建立的屬性不符使用者的預期。使用你型別的開發者會假設存取屬性的方式是和存取一個資料成員是一樣的。如果你建立的屬性不符這些預期，使用者會誤用你的型別。屬性的存取給人的印象是呼叫這些特別的方法會和直接存取資料成員效果是一樣的。

當屬性可以正確的塑模資料成員時，就會符合開發者的預期。首先，客戶端開發者會認為在沒有任何敘述干擾的情況下，後續對 get 存取子的呼叫會產生相同的答案。

```
int someValue = someObject.ImportantProperty;
Debug.Assert(someValue == someObject.ImportantProperty);
```

當然，不管你是使用屬性或欄位，多重執行緒可以違反這個預期。除此之外，對相同屬性的重複呼叫應傳回相同的值。

除此之外，使用你型別的開發者不會預期屬性存取子會做很多事情。一個屬性的 getter 應該絕不做會大量消耗的事。同樣的，屬性 set 存取子可能會做一些驗證，但呼叫它們應絕不會有大量消耗。

使用你型別的開發者為何有這些預期？因為他們視屬性為資料，而且他們是在重複很多次、內含指令不多的迴圈中存取屬性。你對 .NET 集合類別也做相同的的事。每當你用一個 `for` 迴圈列舉一個 array，你反覆取用 array 的 `Length` 屬性值：

```
for (int index = 0; index < myArray.Length; index++)
```

array 越長，你存取 `Length` 屬性越多次。如果每次存取 array 的 `Length` 屬性時你都要數所有的元素一遍，則每個迴圈都是二次式的效能。那沒有人會去使用迴圈。

符合客戶端開發者的預期不難。首先，你應該採用隱含式屬性。**隱含式屬性**是由編譯產生支援存放區的輕薄包覆（thin wrappers）。它們的特徵和資料存取高度吻合。事實上，因為屬性存取子的簡單實作，它們通常是內嵌的。每當你可以使用隱含式屬性實作你的設計，就可以符合客戶端的預期。

但是，如果你的屬性中包含隱含式屬性所沒有的行為，這些行為也不一定是該關切的。在這樣的情況中，你很可能會在屬性的 setters 中加入驗證，而這將會符合使用者的期待。記得先前的 LastName 屬性 setter 的實作：

```
public string LastName
{
    // Getter 省略
    set
    {
        if (string.IsNullOrEmpty(value))
            throw new ArgumentException(
            "last name can't be null or blank");
        lastName = value;
    }
}
```

這個驗證程式碼不會打斷任何有關屬性的基本假設。驗證程式執行很快，而且可以確保物件的正確性。

屬性 get 存取子常在回傳值前做一些計算。假設你有一個 Point 類別，其中包含一個計算點到原點之間距離的屬性：

```
public class Point
{
    public int X { get; set; }
    public int Y { get; set; }
    public double Distance => Math.Sqrt(X * X + Y * Y);
    }
}
```

計算距離是一個很快速的運算，而且如果你像上述方式一樣實作 Distance，則你的使用者不會遇到任何效能上的問題。但是，如 Distance 果真成為效能瓶頸，你可以在首次計算距離時先緩衝暫存。當然每當任何一個元件的值改變時，你需要清除暫存值（或你可以使 Point 成為不可變的型別）。

```
public class Point
{
    private int xValue;
    public int X
    {
        get => xValue;
        set
        {
            xValue = value;
            distance = default(double?);
        }
    }
    private int yValue;
    public int Y
    {
        get => yValue;
        set
        {
            yValue = value;
            distance = default(double?);
        }
    }
    private double? distance;
    public double Distance
    {
```

```
            get
            {
                if (!distance.HasValue)
                    distance = Math.Sqrt(X * X + Y * Y);
                return distance.Value;
            }
        }
}
```

如果計算屬性 getter 回傳值消耗很大，你應該重新思考你的 public 介面。

```
// 不好的屬性介面：getter 所需要的耗時操作
public class MyType
{
    // 省略許多
    public string ObjectName =>
        RetrieveNameFromRemoteDatabase();
}
```

使用者並不會預期存取一個屬性需要和遠端儲存體之間往返，或者可能發出一個例外。為了達到這些期待，你必須改變 public API。每個型別都不同，所以特定的實作會和型別的使用模式有關。你可能會發現緩衝暫存值是正確的答案。

```
// 一個可能的路徑：計算一次並緩衝暫存答案
public class MyType
{
    // 省略許多
    private string objectName;
    public string ObjectName =>
        (objectName != null) ?
        objectName : RetrieveNameFromRemoteDatabase();
}
```

這個技巧在 .NET Framework 中 Lazy<T> 類別有實作。上述程式碼可以用以下的程式碼替代：

```
private Lazy<string> lazyObjectName;
public MyType()
{
    lazyObjectName = new Lazy<string>
```

```
        (() => RetrieveNameFromRemoteDatabase());
}
public string ObjectName => lazyObjectName.Value;
```

以上的策略當 ObjectName 屬性是偶而需要用的情況下運作良好。使用這程式碼，可以避免在不需要使用值的時候去做取得值的工作。代價是第一個呼叫取用屬性的人需要付出一些額外的耗費。如果這個型別幾乎總是使用 ObjectName 屬性且緩衝暫存名稱又是適合的，你可以在建構函式中載入值，並且以緩衝暫存的值作為屬性回傳值。上述程式碼同時也假設 ObjectName 可以被安全的緩衝暫存。如果程式的其他部分或系統中的其他程序更改了遠端儲存體中的物件名稱，則本設計將失敗。

由遠端資料庫查詢資料，並把更改儲存回遠端資料庫的操作是很常見的，而且肯定是合理的需求。你可以使用在方法中進行這些操作來符合使用者的預期，其中令這些方法的名稱和操作吻合。以下是符合使用者預期的不同版本 MyType：

```
// 更好的解法：使用方法管理緩衝暫存值
public class MyType
{
    public void LoadFromDatabase()
    {
        ObjectName = RetrieveNameFromRemoteDatabase();
        // 其他欄位省略
    }

    public void SaveToDatabase()
    {
        SaveNameToRemoteDatabase(ObjectName);
        // 其他欄位省略
    }

    // 省略許多

    public string ObjectName { get; set; }
}
```

不光只是 get 存取子可以違反客戶端開發者的預期：你也可在屬性 setter 中用程式碼違反使用者的預期。舉例來說，假設 ObjectName 是一個可讀寫的屬性。如果 setter 把值寫回遠端資料庫，就會違反使用者的預期：

```
public class MyType
{
    // 省略許多
    private string objectName;
    public string ObjectName
    {
        get
        {
            if (objectName == null)
                objectName = RetrieveNameFromRemoteDatabase();
            return objectName;
        }
        set
        {
            objectName = value;
            SaveNameToRemoteDatabase(objectName);
        }
    }
}
```

在此處 setter 中的額外工作違反了使用者的數個預期。客戶端開發者不會預期 setter 呼叫遠端的資料庫，導致這段程式碼所花的時間比他們預期的長。而且這些也可能在他們沒有預期之下，以許多方式導致失敗。

此外，偵錯工具可能自動呼叫屬性的 getters 以便顯示屬性的值。如果 getters 發出一個例外、花費一段長的時間或改變內部狀況，這些動作將把你的偵錯工作複雜化。

屬性在客戶端開發者間相較於方法會產生不同的預期。客戶端開發者預期屬性執行快速並且提供物件狀態的檢視，他們預期屬性在行為及效能特徵上和資料欄位很相像。當你建立的屬性違反這些預期時，應該修改 public 介面，建立方法以呈現不符合使用預期的屬性。此慣用法可讓你的屬性回歸本來的意圖－作為物件狀態的一扇視窗。

作法 07 使用 Tuples 限制型別的範圍

使用 C#，建立使用者自訂型別用來表示程式中的物件及資料結構比從前有更多的選項。你可以選擇類別、結構、tuple 型別或匿名型別（anonymous type），只要符合你的目的即可。類別與結構提供豐富的字彙，可用來表達你的設計。很不幸的，很多開發者傾向於由類別與結構中做盲目的選擇，而不考慮其他的可能性。這實在是太糟了：類別與結構儘管很有用，但對簡單的設計而言需要較多的功夫。你可以更常使用更簡單的匿名型別或 tuples 使程式碼的可讀性更好。更多有關這些型別支援何種的建構、彼此之間有何差異，以及它們和類別與結構有何不同是值得我們學習的。

匿名型別是由編譯器產生的不可改變的參考型別。為了更了解它們如何運作，請一同來細看定義。創作一個匿名型別時，你宣告一個新的變數並在 { 與 } 字元中定義欄位：

```
var aPoint = new { X = 5, Y = 67 };
```

在這裡你告訴編譯器數件事情：你指出需要一個新的內部密封類別（internal sealed class）。你告訴編譯器這個新的型別是一個不可改變的型別，並且有兩個 public、唯讀的屬性環繞兩個支援欄位 (X, Y)。

除此之外，你告訴編譯器替你寫下類似下方的程式碼：

```
internal sealed class AnonymousMumbleMumble
{
    private readonly int x;

    public int X
    {
        get => x;
    }

    private readonly int y;
    public int Y
    {
        get => y;
    }

    public AnonymousMumbleMumble(int xParm, int yParm)
```

```
    {
        x = xParm;
        y = yParm;
    }
    // == 與 GetHashCode() 的自由實作
    // 省略
}
```

與其自己寫這一段程式碼，不如讓編譯器替你寫。這個策略有很多好處。第一，在最基本的層次而言，編譯器比較快。大部分的人在輸入類別的完整定義時，不可能像他們輸入新演算式時一樣快。第二，編譯器會為重複的工作產生相同的定義。作為開發者，我們有時候會漏掉一些東西。這些是很簡單的程式碼，所以發生錯誤的機會不是很大，但機率也不是 0。編譯器並不會犯人類才會犯的錯誤。第三，讓編譯器產生程式碼可減少要維護的程式碼的量。不需要有其他開發者去讀這些程式碼、了解程式碼是在做什麼，並且找出是在哪裡使用。因為是編譯器產生碼，因此需要去看及了解的更少了。

使用匿名型別最明顯的缺點是你不知道型別的名稱。因為不是由你來命名型別，你不能用匿名型別作為方法的引數或回傳值。縱使如此，有一些方式可運用匿名型別的單一物件或序列。你可以寫在一個方法內運用匿名型別的方法或演算式。在這種情況下，需要指定 lambda 演算式或匿名委派（anonymous delegates），使得你可以在匿名型別的方法本體內使用。如果你和包含函式引數的泛型方法（generic methods）混合，可以建立能操作匿名方法（anonymous methods）的方法。舉例來說，你可以建立一個 transform 方法把 aPoint 的 X 與 Y 加倍：

```
static T Transform<T>(T element, Func<T, T> transformFunc)
{
    return transformFunc(element);
}
```

你可以傳一個匿名型別給 Transform 方法：

```
var aPoint = new { X = 5, Y = 67 };
var anotherPoint = Transform(aPoint, (p) =>
    new { X = p.X * 2, Y = p.Y * 2 });
```

當然，複雜的演算法需要複雜的 lambda 演算式，或許還需要多次呼叫各種泛型方法。幸運的是，建立這一類的演算法只需要擴充這裡所展示的簡單範例，並不是不同的設計。擴充性正是匿名型別被視為儲存中繼結果的良好載具之原因。匿名型別的範圍是受限於有定義該型別的方法。匿名型別儲存演算法第一階段的結果，並把這些中繼結果傳給第二階段。使用泛型方法與 lambda 演算式代表你可以在定義匿名型別的方法範圍內定義任何必須的匿名型別的變換。

再者，因為中繼結果是儲存在匿名型別中，這些型別不會汙染應用程式的命名空間。你可以讓編譯器建立這些簡單的型別，而不需要開發者要了解這些型別才能了解應用程式。匿名型別的範圍是封在宣告該匿名型別的方法中，因此匿名型別的使用告訴開發者有一個特殊的型別是以某一個方法為使用範圍。

你可能注意到早先我們在描述編譯器如何定義一個匿名型別時，有一些不太明確的說法。當你說你需要一個匿名型別時，編譯器產生〝類似〞早先給的程式碼。特別是編譯器加了一些你無法自己寫的功能。匿名型別是有支援物件初始設定式語法（object initializer syntax）的不可改變的型別。如果你建立你自己的不可改變的型別，必須自行寫建構函式中的程式使客戶端程式可以初始化型別中的每一個欄位或屬性。自行寫的不可改變的型別不支援物件初始化設定語法，因為缺乏可存取的屬性 setters。不管如何，在你建立一個匿名型別的實體時，可以用、也必須用物件初始化設定語法。編譯器建立了一個可設定每一個屬性的 public 建構函式，而且在呼叫時使用建構函式取代屬性 setters。

譬如，你做了以下呼叫：

```
var aPoint = new { X = 5, Y = 67 };
```

編譯器把它譯為：

```
AnonymousMumbleMumble aPoint =
    new AnonymousMumbleMumble(5, 67);
```

建立支援物件初始化設定語法的不可改變的型別之唯一方法，就是使用匿名型別。自己手寫程式碼的型別無法享有相同的編譯器魔法。

最後，匿名型別比你想像花費更少的執行期資源。你可能直覺地認為每次你建立了任何匿名型別，編譯器就盲目的定義一個新的匿名型別。實際上，編譯器比想像的要聰明一些。每當你建立相同的匿名型別，編譯器就和先前一樣重複使用相同的匿名型別。

關於編譯器在不同的位置辨認出〝相同的匿名型別〞，我們應該說得更精確一些。第一，辨認過程只發生在匿名型別的多份複本出現在同一個 assembly 中。

第二，兩個匿名型別被視為相同的要件是它們屬性的名稱及型別必須一致，而且屬性必須以相同的順序出現。譬如說，以下的兩個宣告產生兩種不同的匿名型別：

```
var aPoint = new { X = 5, Y = 67 };
var anotherPoint = new { Y = 12, X = 16 };
```

以不同的順序排放屬性導致兩種不同匿名型別的建立。每次你用相同的觀念宣告物件時，只有在你使用相同的順序排放屬性編譯器才把匿名型別視為相同。

在我們離開匿名型別之前，有一個特別的情況值得一提。因為匿名型別跟隨的是實值的相等語法，匿名型別可用作複合鍵（composite keys）。譬如說，你需要把客戶依業務人員及 ZIP 碼分群組。你可以執行下列查詢：

```
var query = from c in customers
            group c by new { c.SalesRep, c.ZipCode };
```

本查詢產出一個以 SalesRep 與 ZipCode 組成元素對做為鍵的 dictionary。值則是客戶清單。

Tuples 也是在你建立實體時所定義的輕量級型別。Tuples 和匿名型別的不同處在於 tuples 有 public 欄位可改變實值型別。編譯器是由一個泛型的 Tuple 型別導出實際的型別，加上你所指定的屬性名稱。

再者，初始化一個 tuple 並不會產生一個新的型別，就像初始化一個新的匿名型別時所做的。反而在初始化一個 tuple 時，是以 `ValueTuple` 泛型中的類別建立一個新的封閉泛型。（`ValueTuple` 泛型型別中存在多種不同數量的欄位 tuple）。

要初始化一個 tuple，你會使用以下的語法：

```
var aPoint = (X: 5, Y: 67);
```

這個程式碼指出你想要一個含有兩個整數欄位的 tuple。C# 編譯器會追蹤你選擇的欄位語法上的名稱（X 與 Y）。這功能代表你可以用這些語法上的名稱存取欄位：

```
Console.WriteLine(aPoint.X);
```

System.ValueTuple 泛型結構包含測試相等的方法、比較測試的方法，以及一個可列出 tuple 中每個欄位值的 ToString() 方法。初始化後的 ValueTuple 包含 Item1、Item2 等每一個使用的欄位對應。編譯器及許多偵錯工具支援使用定義 tuple 的語法中的欄位名稱。

C# 型別的相容性一般是以型別的名稱為基準，稱為標明型別（nominative typing）。Tuples 使用結構性型別（structural typing）而不是標明型別來決定不同物件是否屬於相同的型別。Tuples 依賴的是它們的〝型〞而不是名稱（甚至是編譯器產生的名稱）來決定某一型的 tuple。任何包含剛好兩個整數的 tuple 會和先前例子中的 tuple point 有相同型別，因為兩個都是 System.ValueTuple<int, int> 的實體。

欄位語法上的名稱是當 tuple 被初始化時設定。欄位語法上的名稱可能是在宣告變數時明確的指定，或者是在建立實體時使用右側的名稱隱匿指定。如果在左、右兩側都有列出欄位名稱，則會使用左側的名稱。

```
var aPoint = (X: 5, Y: 67);

// 另一有欄位 'X' 與 'Y' 的點
var anotherPoint = aPoint;

// pointThree 的欄位有 'Rise' 及 'Run'
(int Rise, int Run) pointThree = aPoint;
```

Tuples 與匿名型別都是由產生它們實體的敘述所定義的輕量級型別。兩者都是你想要定義簡單的儲存用型別，用來儲存資料但又不定義任何行為時很容易使用。

當要決定使用匿名型別或 tuples 時，你必須考慮這兩個選擇的差異。Tuples 較適合作為回傳型別以及方法引數，因為 Tuples 依隨結構性型別。匿名型別較適合用作集合的複合鍵，因為它們是不可改變的。Tuples 有所有實值型別的好處，而匿名型別有所有參考型別的好處。你可以使用兩者實驗看看，看哪一個最能符合你的目的。回頭看使用匿名型別及 tuples 的第一個初始化的例子。把它們初始化的語法是類似的。

匿名型別及 tuples 並不如表面上看那麼另類，當正確使用時並不會損害可讀性。如果你需要追蹤中繼結果，並且這些結果的模型適合使用不可改變的型別，則你應該使用匿名型別。如果結果較適合塑模為個別的、可改變的值，則應該使用 tuple。

作法 08　在匿名型別上定義區域函式

Tuples 不使用標明型別。匿名型別有名稱，但你不能參考它們（請見作法 7）。因此，你必須學習一些特別的技巧來使用這些輕量級的型別作為方法引數、方法回傳及屬性。你也必須了解以這種方式使用這兩種型別任何一者時的限制。

我們以 tuples 作為開始。你定義 tuple 的輪廓作為回傳型別：

```
static (T sought, int index) FindFirstOccurrence<T>(
    IEnumerable<T> enumerable, T value)
{
    int index = 0;
    foreach (T element in enumerable)
    {
        if (element.Equals(value))
        {
            return (value, index);
        }
        index++;
    }
    return (default(T), -1);
}
```

你不需要指出回傳 tuple 的欄位名稱，但必須和呼叫的人溝通有關欄位的意涵。

你可以把回傳值指派給一個 tuple，或者可以使用解構（deconstruction）把回傳值指派給不同的變數。

```
// 指派結果到一個變數：
var result = FindFirstOccurrence(list, 42);
Console.WriteLine(
    $"First {result.sought} is at {result.index}");
// 指派結果給不同的變數：
(int number, int index) = FindFirstOccurrence(list, 42);
Console.WriteLine($"First {number} is at {index}");
```

Tuples 容易用作方法回傳值。匿名型別較難如此使用，因為它們有名稱，但你在程式碼中又不能用它們作為一種型別。但是你可以建立一個泛型的方法並指定匿名型別取代型別引數。

舉一個簡單的例子，以下的方法回傳一個集合中和一個找尋的值吻合的所有物件所組成的序列：

```
static IEnumerable<T> FindValue<T>(IEnumerable<T> enumerable,
    T value)
{
    foreach (T element in enumerable)
    {
        if (element.Equals(value))
        {
            yield return element;
        }
    }
}
```

你可以將方法和匿名型別使用如下：

```
IDictionary<int, string> numberDescriptionDictionary =
    new Dictionary<int, string>()
{
    {1,"one"},
    {2, "two"},
    {3, "three"},
    {4, "four"},
    {5, "five"},
    {6, "six"},
```

```
    {7, "seven"},
    {8, "eight"},
    {9, "nine"},
    {10, "ten"},
};
List<int> numbers = new List<int>()
    { 1, 2, 3, 4, 5, 6, 7, 8, 9, 10 };
var r = from n in numbers
        where n % 2 == 0
        select new
        {
            Number = n,
            Description = numberDescriptionDictionary[n]
        };
r = from n in FindValue(r,
    new { Number = 2, Description = "two" })
    select n;
```

FindValue() 方法對型別一無所知，它只是一個泛型的方法。

當然，這麼簡單的函式能做的是有限的。如果你寫的方法想要使用匿名型別中的特定屬性，你需要建立並使用**高階函式**（higher-order functions）。一個高階函式是一個以函式作為引數，或回傳函式的函式。以函式作為引數的高階函式在用匿名型別時是很有幫助的。在多個方法之間，你可以使用高階函式以及泛型來和匿名方法（anonymous methods）一同運作。請看以下的查詢作為例子：

```
Random randomNumbers = new Random();
var sequence = (from x in Utilities.Generator(100,
                    () => randomNumbers.NextDouble() * 100)
                let y = randomNumbers.NextDouble() * 100
                select new { x, y }).TakeWhile(
                point => point.x < 75);
```

查詢在 TakeWhile() 方法中完成，而該方法的簽章為：

```
public static IEnumerable<TSource> TakeWhile<TSource>
    (this IEnumerable<TSource> source,
    Func<TSource, bool> predicate);
```

請注意，TakeWhile() 的簽章回傳一個 IEnumerable<TSource> 並有一個 IEnumerable<TSource> 引數。在我們的簡單範例中，TSource 代表一個以 X, Y 元素對表示的匿名型別。Func<TSource, bool> 表示一個以 TSource 作為引數的函式。

這技巧提供你一條運用匿名型別建立大型程式庫與程式的路徑。查詢演算式依賴的是可與匿名型別一同運作的泛型方法。因為是宣告在和匿名型別的同一個範圍，所以 lambda 演算式知道匿名型別的一切。編譯器建立 private 的巢狀類別用來把匿名型別的實體傳給其他方法。

以下的程式碼建立一個匿名型別，然後在很多泛型方法中處理該型別：

```
var sequence = (from x in Funcs.Generator(100,
                    () => randomNumbers.NextDouble() * 100)
               let y = randomNumbers.NextDouble() * 100
               select new { x, y }).TakeWhile(
               point => point.x < 75);

var scaled = from p in sequence
             select new {x = p.x * 5, y = p.y * 5};
var translated = from p in scaled
                 select new { x = p.x - 20, y = p.y - 20};

var distances = from p in translated
                let distance = Math.Sqrt(
                    p.x * p.x + p.y * p.y)
                where distance < 500.0
                select new { p.x, p.y, distance };
```

這裡沒什麼神奇的。編譯器單純就是產生委派然後呼叫它們。每一個查詢方法產生一個以匿名型別作為引數、由編譯器產出的方法。編譯器針對每一個方法建立一個委派，並把委派作為查詢方法的引數。

隨著時間過去，程式持續的增長，演算法很容易就失控，建立了演算法的多份副本，因為維護重複的程式碼的緣故投資的成本也較大。較理想的是，你修改範例程式碼使得縱使需要更多的功能，程式碼也會保持簡單、模組化及具有可擴充性。

策略之一是搬移一些程式碼以建立一份較簡單的方法，而仍然保留可重複使用區段。你可以把一些演算法重構為可接受 lambda 演算式輸入的泛型方法，而在 lambda 演算式內完成演算法所需要的工作。

幾乎所有以下的方法都進行簡單的對應，把一種型別對應為另一種。它們有些甚至只是簡單的對應到相同型別的不同物件。

```
public static IEnumerable<TResult> Map<TSource, TResult>
    (this IEnumerable<TSource> source,
    Func<TSource, TResult> mapFunc)
{
    foreach (TSource s in source)
        yield return mapFunc(s);
}

// 用法：
var sequence = (from x in Utilities.Generator(100,
                    () => randomNumbers.NextDouble() * 100)
                let y = randomNumbers.NextDouble() * 100
                select new { x, y }).TakeWhile(
                point => point.x < 75);

var scaled = sequence.Map(p =>
new {
    x = p.x * 5,
    y = p.y * 5 }
);
var translated = scaled.Map(p =>
new {
    x = p.x - 20,
    y = p.y - 20
});
var distances = translated.Map(p => new
{
    p.x,
    p.y,
    distance = Math.Sqrt(p.x * p.x + p.y * p.y)
});
var filtered = from location in distances
                where location.distance < 500.0
                select location;
```

這裡的重要技巧是抽取演算法中僅需要最少量匿名型別的資訊，即可完成的部分。所有的匿名型別都 override `Equals()` 以提供實值的語法，所以假設只有 `System.Object` public 成員的存在性。在這裡沒有什麼改變，但是你應該了解只有在把方法也跟著傳送，才可以把匿名型別傳給方法。

同樣的，你可能了解到原來方法的一部分也會在其他位置使用。在此情況下，你應該分離出程式碼中可重複使用的部分，並建立一個泛型方法並由多個位置呼叫。

可能需要小心的是－不要把這些技巧擴張太遠。匿名型別不應作為演算法中許多部分的必要型別。越常使用相同的型別，而且越來越多作業是用該型別處理，那很可能你應該把該匿名型別轉換為具體的型別。任何建議的採用都是隨你的意願，但以下這一條規則卻是很好的：如果你在超過三個主要的演算法中使用相同的匿名型別，最好把該型別轉為一具體的型別。如果你發現所建立的 lambda 演算式越來越長也越來越複雜，則提示你該建立一個具體型別。

匿名型別是內含可讀寫屬性的輕量級型別，屬性通常用來儲存簡單的值。你可以用這些簡單的型別來建立許多演算法。你可以用 lambda 演算式與泛型方法來處理匿名型別。就像你可以建立 private 的巢狀類別以限制型別的使用範圍，也可以善用匿名型別的使用範圍侷限於某一方法中。經由使用泛型與高階函式，你可以使用匿名型別建立模組化的程式碼。

作法 09 了解多種相等概念之間的關係

當你建立自己的型別（無論是類別或結構）時，你定義該型別相等是什麼意思。C# 提供四種不同的函式供決定兩個不同的物件是否〝相等〞：

```
public static bool ReferenceEquals
    (object left, object right);
public static bool Equals
    (object left, object right);
public virtual bool Equals(object right);
public static bool operator ==(MyClass left, MyClass right);
```

C# 語言同時也允許你建立你自己這四種方法的版本。當然，因為你**可以**，不代表你就**應該**如此。你應該永遠不要重新定義前兩個 static 函式。你將會建立你自己的 `Equals()` 方法來定義型別的語法，而且你偶而也會 override 運算子 `==()`，特別是為了實值型別效能的緣故。再者這四個函式式彼此是相關的，所以當你改變了其中之一，就可能影響其他函式的行為。的確，需要用四個函式去檢測相等是複雜的。但是別擔心－你可以簡化這個過程。

當然，這四個方法不是決定相等的唯一選擇。override `Equals()` 的型別應實作 `IEquatable<T>`。實作實值語意（value semantics）的型別應實作 `IStructural-Equality` 介面。這表示你有六種不同方式可表達相等。

就像許多 C# 中複雜的元素一般，決定相等的不同方法是因為 C# 允許你建立實值型別與參考型別。兩個參考型別的值被視為是相等的，如果兩者參考的是同一物件，共同的值稱為**物件識別**（object identity）。一個實值型別的兩份參考被視為是相同的，如果兩者的型別相同而且所含的內容相同。這就是為什麼相等的檢測需要如此不同的方法。

為了看這些檢測如何運作，我們從這兩個你不能 override 的 static 函式開始。如果兩個參考指向的物件－也就是兩個參考的物件識別相同，則 `Object.ReferenceEquals()` 傳回 true。不管比較的型別是參考型別或實值型別，這個方法檢測的永遠是物件識別，而不是物件內容。是的，如果你用這個方法檢測實值型別的相等會永遠傳回 false。縱使你以一個實值型別和自己相比，`ReferenceEquals()` 也會傳回 false。這是因為 boxing 的緣故，請見《*Effective C#*，第三版》作法 9。

```
int i = 5;
int j = 5;
if (Object.ReferenceEquals(i, j))
    WriteLine("Never happens.");
else
    WriteLine("Always happens.");

if (Object.ReferenceEquals(i, i))
    WriteLine("Never happens.");
else
    WriteLine("Always happens.");
```

你永遠不會重新定義 Object.ReferenceEquals()，因為它做的正是它應該要做的：檢測兩個不同參考的物件識別。

第二個你永遠不會重新定義的函式是 static Object.Equals()。這個方法在你不知道兩個引數的執行期型別時檢測兩者的參考是否相同。請記得 System.Object 是 C# 中一切的最底層之基底。當你比較兩個變數，它們都是 System.Object 的實體。實值型別的實體與參考型別的實體全是 System.Object 的實體。所以當不知道兩個參考的型別，而且隨著型別不同，相等的意義也不同，本方法是如何檢測兩個參考的相等？答案很簡單：System.Object 委派責任給問題中的一個型別。Static Object.Equals() 方法的實作和以下類似：

```
public static bool Equals(object left, object right)
{
    // 檢查物件識別
    if (Object.ReferenceEquals(left, right) )
        return true;
    // 兩個空無參考由上方處理
    if (Object.ReferenceEquals(left, null) ||
        Object.ReferenceEquals(right, null))
        return false;
    return left.Equals(right);
}
```

本例中的程式碼介紹了一個新方法－就是實體的 Equals() 方法。後面我們再詳細看這個方法，但是目前 static Equals() 的討論尚未結束。目前，只需了解 static Equals() 是使用左引數實體的 Equals() 方法決定兩個物件是否相等。

就如同 ReferenceEquals()，你永遠不會多載或重新定義你自己版本的 static Object.Equals() 方法，因為它已經做到應該要做的事：在你不知道 runtime type 時決定兩個物件是否相等。因為 static Equals() 是委派左引數實體的 Equals()，它會使用該型別的規則。

現在你了解為什麼你永遠不需要重新定義 static ReferenceEquals() 與 static Equals() 方法，是時候該討論你將 override 的方法。但是首先讓我們簡單的考慮一下相等關係的數學性質。你需要確定你的定義及實作和其他的程式設計師的預期是相符的。你對 override 了 Equals() 型別的單元測試應該確認你的實作滿足以下的性質，代表你需要尊重相等的數學性質：相等是有反身性（reflexive）、對稱性（symmetric）及遞移性（transitive）。反身性代表任何物件是和自身相等，不管是哪一種型別，a == a 永遠為 true。對稱性代表次序是不重要的：如 a == b 為 true，則 b == a 為 true；如 a == b 為 false，則 b == a 也為 false。最後，遞移性說的是如 a == b 且 b == c 均為 true，則 a == c 也必為 true。

現在我們來討論實體 Object.Equals() 函式，以及何時及如何 override 該函式。當預設的行為和你的型別不一致時，則建立自己版本的實體 Equals()。Object.Equals() 方法使用物件識別判定兩個參考是否相等。預設的 Object.Equals() 函式行為和 Object.ReferenceEquals() 相同。

但等一下－實值型別是不同的。System.ValueType 的確 override 了 Object.Equals()。請記得 ValueType 是所有你建立（使用 struct 關鍵字）的所有實值型別的基底類別。如兩者型別相同而且內容也相同，實值型的兩個參考是相等的。ValueType.Equals() 實作了這個行為。很不幸的，ValueType.Equals() 並沒有一個有效率的實作：因為它是所有實值型別的基底。為了提供正確的行為，在不知物件為何種執行期型別之下，它必須比較任何衍生型別的所有成員欄位。在 C# 中這表示需要使用反映。使用反映有許多不利之處，尤其是以更好的效能為目標時。相等的檢測是在程式中常見的建構，因此在決定是否相等時的效能，就成了一個值得從事的目標。幾乎在所有的情況下你可以為任何實值型別 override 一個更快的 Equals() 版本。每當你建立一個實值型別時，永遠記得要 override ValueType.Equals()。

只有在你想改變一個參考型別的設定與語法時，才應 override 實體 Equals()。.NET Framework 類別程式庫中有一些類別在相等方面是使用實值的語法，而不是參考的語法。如果它們包含相同的內容，兩個 string 物件是相等的；如果它們參考的是相同的 DataRow，則兩個 DataRowView 物件是相等的。關鍵是如果你的型別應該跟隨實值的語法（比較內容）而不是參考的語法（比較物件識別），就應該 override 你自己版本的實體 Object.Equals()。

現在你知道何時該寫你自己的 `Object.Equals()` override，你必須了解該如何實作。在《*Effective C#*，第三版》作法 9 中有討論到實值型別的相等關係對 boxing 是有很多含意的。對參考型別而言，你的實體方法應和既定的行為吻合，以免類別的使用者受到奇怪的驚嚇。在你 override `Equals()` 時，需要為該型別實作 `IEquatable<T>`。（稍後會在本做法討論原因）。

以下是 override `System.Object.Equals` 的標準模式，其中顯示出實作 `IEquatable<T>` 的變更：

```
public class Foo : IEquatable<Foo>
{
    public override bool Equals(object right)
    {
        // 檢查空無：
        // 本參考在 C# 方法中永不空無
        if (object.ReferenceEquals(right, null))
            return false;

        if (object.ReferenceEquals(this, right))
            return true;

        // 稍後討論
        if (this.GetType() != right.GetType())
            return false;

        // 在此比較型別的內容：
        return this.Equals(right as Foo);
    }

    // IEquatable<Foo> 成員
    public bool Equals(Foo other)
    {
        // 省略
        return true;
    }
}
```

`Equals` 應該永不發出例外－因為這個行為並不合理。兩個參考就是相等或不相等，沒有太多其他錯誤的空間。只需在所有錯誤的條件下傳回 false 即可，如空無的參考或錯誤的引數型別。

我們現在把這個方法從頭至尾詳細討論，以便你了解其中的每一個檢查為什麼存在，並且為什麼其他的檢查可以省略。第一個檢查在決定右側的物件是否是空無。在 C# 中對這個參考是沒有檢查的，它是永不空無的。共同語言執行環境（Common Language Runtime，CLR）在遇到一個空無參考呼叫實體方法時會發出例外。但如此的檢查不滿足對稱性：當 a 是空無以外的型別而 b 是空無，則 a.Equals(b) 傳回 false，但是 b.Equals(a) 會為這些值發出 NullReferenceException 例外。

下一個檢查在檢測物件識別決定兩個物件的參考是否相同。這是很有效率的測試，而且相同的物件識別保證內容相同。本檢測所寫的確切形式是很重要的。第一，請注意到檢查沒有假設 this 是型別 Foo 而是呼叫 this.GetType()。實際的型別可能是由 Foo 衍生而來的類別。第二，程式碼檢查比對中的物件之精確型別。光是確保你可以把右側引數轉換為目前的型別是不夠的，因為如此的測試可以導致兩個微妙的錯誤。請參考以下的例子，其中涉及一個小的繼承階層：

```
public class B : IEquatable<B>
{
    public override bool Equals(object right)
    {
        // 檢查空無：
        if (object.ReferenceEquals(right, null))
            return false;

        // 檢查參考的相等性：
        if (object.ReferenceEquals(this, right))
            return true;

        // 此處有問題，稍後討論
        B rightAsB = right as B;
        if (rightAsB == null)
            return false;

        return this.Equals(rightAsB);
    }

    // IEquatable<B> 成員

    public bool Equals(B other)
```

```
        {
            // 省略
            return true; // 或 false，依測試而定
        }
    }

    public class D : B, IEquatable<D>
    {
        // 等等
        public override bool Equals(object right)
        {
            // 檢查空無：
            if (object.ReferenceEquals(right, null))
                return false;

            if (object.ReferenceEquals(this, right))
                return true;

            // 此處有問題
            D rightAsD = right as D;
            if (rightAsD == null)
                return false;

            if (base.Equals(rightAsD) == false)
                return false;

            return this.Equals(rightAsD);
        }

        // IEquatable<D> 成員
        public bool Equals(D other)
        {
            // 省略
            return true; // 或 false，依測試而定
        }
    }

// 測試：
B baseObject = new B();
D derivedObject = new D();

// 比較 1：
if (baseObject.Equals(derivedObject))
```

```
    WriteLine("Equals");
else
    WriteLine("Not Equal");

// 比較 2：
if (derivedObject.Equals(baseObject))
    WriteLine("Equals");
else
    WriteLine("Not Equal");
```

在任何情況下，你會預期看到〝Equals〞或〝Not Equal〞會被列出兩次。但是因為錯誤的關係，上述程式碼不會如此運作。第二個比較永遠不會傳回 true。基底物件是屬於型別 B，永遠不可能被轉為型別 D。但是第一個比較可能評估為 true。衍生型別 D 可以自動的轉換為型別 B。如果右側引數的型別 B 成員和左側引數的型別 B 成員吻合，則 `B.Equals()` 會認定兩物件相等。縱使兩物件是不同型別，但是你的方法認定他們相等。由於在繼承階層中上下層的自動轉換，破壞了 `Equals` 的對稱性。

當你寫這個演算式時，型別 D 的物件被明確轉換（explicitly converted）為型別 B：

```
baseObject.Equals(derivedObject)
```

如果 `baseObject.Equals()` 認定型別內所定義的欄位吻合，兩個物件就是相等。相反的，當你寫以下的演算式時，型別 B 的物件不能被轉換為型別 D 的物件：

```
derivedObject.Equals(baseObject)
```

`derivedObject.Equals()` 方法永遠傳回 false。如果你不精確的檢查型別，很容易就會落入比較的順序是會有影響力的情境。

上述所有的例子突顯在你 override`Equals()` 時的另一個重要問題：override `Equals()` 表示你的型別應實作 `IEquatable<T>`。`IEquatable<T>` 包含一個方法：`Equals(T other)`。在你實作 `IEquatable<T>` 時，你送出你的型別也支援 type-safe 相等比較的訊息。如果你認為等式的右側和左側型別相同時 `Equals()` 才傳回 true，則 `IEquatable<T>` 讓編譯器捕捉到多個兩物件不相等的時機。

在你 override Equals() 時，應該跟隨另一個慣例：你只應在基底不是由 System.Object 或 System.ValueType 提供時才呼叫基底類別。前述的程式碼提供了一個範例。類別 D 呼叫基底類別，類別 B 中定義的 Equals() 方法。但是類別 B 沒有呼叫 baseObject.Equals()。相反地，它呼叫 System.Object 中定義的版本，導致只有兩個引數參考的是相同的物件時才傳回 true。這結果不是你想要的，如果是，你當初就不會寫自己的方法了。

最好的建議是在你建立實值型別時 override Equals()，以及在你不想要你的參考型時遵循參考語法，如同 System.Object 定義的一樣時 override 你參考型別的 Equals()。在你測試自己的 Equals() 檢測時，請跟隨先前列出的實作。Override Equals() 表示你應該寫 GetHashCode() 的 override（詳細請看作法 10）。

我們差不多結束了。運算子 ==() 演算式很容易了解。當你建立一個實值型別，或許應重新定義運算子 ==()，原因和重新定義實體 Equals() 完全相同。預設的版本使用反映來比較兩個實值型別的內容，這會比任何你寫的版本效率更差。請聽從《*Effective C#，第三版*》作法 9 的建議，在比較實值型別時避免用 boxing。

請注意，並不是每當你 override 實體 Equals() 時就重新定義運算子 ==()，而是當你建立實值型別時就應重新定義運算子 ==()。在你建立參考型別時應很少需要 override 運算子 ==()。.NET Framework 類別預期運算子 ==() 針對所有參考型別都依循參考語法。

最後，我們來到 System.Array 及 Tuple<> 泛型類別中實作的 IStructuralEquality。這使得那些型別可以實作實值語法而不需要針對每一種比較都執行實值語法。很懷疑你會需要建立實作 IStructuralEquality 的型別，因為這是只有真正輕量級的型別所需要的。實作 IStructuralEquality 宣告這個型別是可以合成到一個有實作實值語法的大型物件中。

C# 提供多種不同方式檢測相等，但在所提供的類似介面中，你只需要針對其中兩種提供你自己的定義。你永遠不應 override static Object.ReferenceEquals() 及 static Object.Equals() 方法，因為不管執行期型別為何，他們都可提供正確的檢測。你應該總是針對實值型別 override 實體

Equals() 及運算子 ==() 以改善效能。針對參考型別如你的相等是代表物件識別以外的其他東西時，你可以 override 實體 Equals()。每當你 override Equals()，應該實作 IEquatable<T>。很簡單，對吧？

作法 10 了解 GetHashCode() 的陷阱

這是本書中唯一專門在講一個你應該避免寫的函式之做法。GetHashCode() 只用於一個地方：在以雜湊為基礎的集合（hash-based collection）中為鍵值定雜湊值，特別是 HashSet<T> 或 Dictionary<K,V> 等容器。這是好的，因為基底類別實作的 GetHashCode() 有一些問題。對參考型別而言，它是可以用的，但效率不好。對實值型別而言，基底類別的版本常常有錯。但更糟的是：你完全不可能把 GetHashCode() 寫得又有效率又正確。沒有任何函式可以比 GetHashCode() 產生更多的討論及更多的混淆。如要移除混淆，請繼續往下看。

如果你定義的型別不會在一個容器內用作鍵值，則這些問題就沒有關係。用來代表 window 控制項、網頁控制項或資料庫連線的型別不太會被用做一個集合的鍵值。在這些情況下，不需要做任何事。所有的參考型別都會有一個正確的雜湊碼，雖然說它不是很有效率。實值型別應該是不可改變的（請見作法 3，預設的實作一直可運作，但不是這麼有效率）。在大部分你建立的型別中，最佳的策略是完全避免使用 GetHashCode()。

有一天，你可能要建立一個用作雜湊鍵（hash key）的型別，則會需要寫你自己實作的 GetHashCode() －那麼請繼續往下看。每一個物件都會產生一個整數值，稱為雜湊碼（hash code）。一個以雜湊為基礎的容器會在內部使用這些值來最佳化搜尋。一個以雜湊為基礎的容器把儲存的物件分為〝buckets〞，而每一個 bucket 中儲存的物件都和一組雜湊值吻合。當把一個物件儲存到一個雜湊容器中時，會計算物件存放的正確 bucket。如要取得一個物件，你要該物件的鍵值並只在該 bucket 內搜尋。雜湊的目的是在搜尋時改善效能。理想中，每一個 bucket 中只會包含很少量的物件。

在 .NET 中，每一個物件都有一個由 System.Object.GetHashCode() 所決定的雜湊碼。任何 GetHashCode() 的多載，必須依循以下三個規則：

1. 如果兩個物件是相等的（如實體 Equals() 方法所定義），它們必須產生相同的雜湊值。否則雜湊碼無法被用來找容器中的物件。
2. 對於任何物件 A，A.GetHashCode() 必須是不會因實體而改變。無論呼叫 A 中的任何方法，A.GetHashCode() 必須永遠傳回相同的值。這保證物件一旦被放入一個 bucket，會永遠都在正確的 bucket 中。
3. 雜湊函式必須使所有典型的輸入集均勻分布在所有整數上。理想上，你會想避免產生的值集中在某些值的附近－以雜湊為基礎的容器就是如此改善效能的。簡單的說，你希望所建立的 bucket 中只有很少數的物件。

設計一個正確而且有效率的雜湊函式需要對型別有廣泛的認識，才能確保可依循規則 3。在 System.Object 及 System.ValueType 定義的版本並沒有這個優點。這些版本必須在幾乎沒有你的型別資訊的情況下提供最佳的預設行為。Object.GetHashCode() 使用 System.Object 類別中的一個 internal 欄位來產生雜湊值。

現在我們依照先前所給的三條規則檢視 Object.GetHashCode()。如果兩個物件是相等的，則 Object.GetHashCode() 傳回相同的雜湊值。System.Object 版本的運算子 ==() 檢測物件識別。GetHashCode() 傳回 internal 物件的識別。這是可以運作的。但如果你提供了你自己版本的 Equals()，必須也提供你自己版本的 GetHashCode() 以確保能依循規則 1。（關於 Equality，請參考作法 9）

規則 2 有被依循：在一個物件建立後，它的雜湊碼永不改變。

規則 3 在關於針對確保所有的輸入在整數間有均勻的分布這一點，System.Object 做得相當好。它在沒有衍生型別的個別資訊下做到它最好的可能性。

在描述如何寫你自己 override 的 GetHashCode 之前，讓我們以相同的 3 條規則來檢驗 ValueType.GetHashCode()。System.ValueType override GetHashCode()，為所有實值型別提供了預期行為。它依據型別中定義的第一個欄位傳回雜湊碼。請看以下的例子：

```
public struct MyStruct
{
```

```
    private string msg;
    private int id;
    private DateTime epoch;
}
```

由一個 MyStruct 物件所傳回的雜湊碼是由 msg 欄位產生的雜湊碼。假設 msg 不是空無，以下程式碼片段永遠傳回 true：

```
MyStruct s = new MyStruct();
s.SetMessage("Hello");
return s.GetHashCode() == s.GetMessage().GetHashCode();
```

規則 1 說明兩個相等的物件（依 Equals() 的定義）一定會有相同的雜湊碼。這個規則在大部分情況下都由實值型別所遵守，但是你也可以改變這情況－就如同對參考型別一樣。Equals() 比較結構中的第一個欄位與每一個其它的欄位。這滿足規則 1。只要是任何用第一個欄位定義的運算子 ==() 的 override，規則 1 都成立。任何 struct 只要第一個欄位沒有參與型別相等的檢測都會違反規則，而破壞 GetHashCode() 運作。

規則 2 敘述雜湊碼必須是不會因實體而改變。這個規則只有 struct 中第一個欄位是不可改變的才會被依循。如果第一個欄位的值可以改變，則雜湊碼也可以改變。如此就會破壞規則 2。是的，任何你建立的 struct 只要是在物件的生命週期中可以更改第一個欄位就會破壞規則 2。這就是為什麼不可改變的實值型別才是你的最佳選擇（請見作法 3）。

規則 3 和第一個欄位的型別及如何使用有關。如果第一個欄位產生一個跨越整數的均勻分布，而且第一個欄位的值是散佈於 struct 所有的值間，則 struct 也會產生一個平均的分布。但是，如第一個欄位常有相同的值，則會違反規則 3。請參考先前 struct 的小幅更改：

```
public struct MyStruct
{
    private DateTime epoch;
    private string msg;
    private int id;
}
```

如果 epoch 欄位被設定為目前的日期（不包含時間），所有在同一天建立的 MyStruct 物件將會有相同的雜湊碼。這會阻礙在所有雜湊值之間達成平均的分布。

總結預設的行為，Object.GetHashCode() 對參考型別的運作是正確的，但不一定會產生一個有效率的分布。（如果你有 override Object.operator==()，則有可能會破壞 GetHashCode()。）只有在你的 struct 的第一個欄位是唯讀的，ValueType.GetHashCode() 才會正常運作。只有在你的 struct 中第一欄位的值跨越欄位輸入的一個有意義的子集時，ValueType.GetHashCode() 才能產生有效率的雜湊碼。

如果你的目標是要建立更佳的雜湊碼，你需要對你的型別加上一些限制條件。理想上，你會建立不可改變的實值型別。一個可運作的 GetHashCode() 對不可變的型別而言比沒有限制的型別來得簡單。這次在建立一個可運作的 GetHashCode() 實作的情境下，再次檢驗 3 條規則。

第一，如果兩個物件是相等的（依 Equals() 的定義），他們必須傳回相同的雜湊值。任何屬性或資料值，只要是用於產生雜湊值的，就必須參與型別的相等檢測。顯然的，這表示相同的屬性用在相等檢測以及雜湊碼的產生。有可能是有屬性用在相等檢測，但並沒有用在雜湊碼的計算。事實上，System.ValueType 的預設行為正是如此。無論如何，這樣子的策略常導致違反規則 3。相同的資料元素必須同時參與兩種計算。

規則 2 敘述 GetHashCode() 的回傳值不會因為實體而改變。假設你定義了一個參考型別 Customer：

```
public class Customer
{
    private decimal revenue;

    public Customer(string name) =>
        this.Name = name;

    public string Name { get; set; }

    public override int GetHashCode() =>
        Name.GetHashCode();
}
```

現在假設你執行以下的程式碼片段：

```
Customer c1 = new Customer("Acme Products");
myHashMap.Add(c1, orders);
// 糟糕，名字是錯的：
c1.Name = "Acme Software";
```

c1 遺失在 hash map 某處。當你把 c1 置入 map 中時，雜湊碼是由字串〝Acme Products〞產生的。在你把 Customer 的名稱改為〝Acme Software〞時，雜湊碼就改變了。雜湊碼現在是由新的名稱〝Acme Software〞所產生。c1 是以值〝Acme Products〞為基礎儲存在 bucket 中，但它在 bucket 中卻應以值〝Acme Software〞為基礎。你在自己的集合中遺失了 Customer 物件 c1，因為雜湊值不是對物件不可變的。你在儲存物件後改變了正確的 bucket。物件依然在 bucket 內，但現在的雜湊碼看起來是在錯誤的 bucket 中。

這問題只有 Customer 是參考型別時才能發生。實值型別有著不同的不良行為，但依然能造成問題。如果 Customer 是一個實值型別，則一份 c1 被存至 hash map 中。最後改變名稱的值的一行，對已存放在 hash map 中的那一份沒有影響。因為 boxing 與 unboxing 也會複製副本，在你把物件加入至集合中後，不太可能改變實值型別成員的值。

唯一落實規則 2 的方式為定義雜湊碼函式時，是依物件一個或多個不可改變的屬性為準的傳回值。`System.Object` 使用不會改變的物件識別，因此遵守這個規則。`System.ValueType` 希望你的型別中第一個欄位不改變，最好就是讓你的型別不可改變。當你定義一個實值型別作為 hash 容器中的鍵值型別時，它必須是不可改變的型別。如果你違反這個建議，則型別的使用者將可找到方法使用你的型別毀損作為鍵值的 hash tables。

重新檢視 Customer 類別，你可以修改使 Customer 中 name 欄位不可改變：

```
public class Customer
{
    private decimal revenue;

    public Customer(string name) => this.Name = name;

    public string Name { get; }
```

```
    public decimal Revenue { get; set; }

    public override int GetHashCode() =>
        Name.GetHashCode();

    public Customer ChangeName(string newName) =>
        new Customer(newName) { Revenue = revenue };
}
```

ChangeName() 使用建構函式及物件初始化語法設定目前的 revenue 值，以建立新的 Customer 物件。為了使 name 欄位不可改變，因此更動了你運用 Customer 物件時改變 name 欄位的工作：

```
Customer c1 = new Customer("Acme Products");
myDictionary.Add(c1, orders);
// 糟糕，名稱錯了：
Customer c2 = c1.ChangeName("Acme Software");
Order o = myDictionary[c1];
myDictionary.Remove(c1);
myDictionary.Add(c2, o);
```

使用這個策略，你必須要移除原來的客戶、改變名稱，並加入新的 Customer 物件到 dictionary 中。產生的程式碼比先前的版本麻煩，但卻是可運作的。先前的版本允許程式設計者寫不正確的程式碼。經由強制落實用於計算雜湊碼的屬性之不可改變性，你強制落實了正確的行為。你的型別的使用者不可能出錯。是的，這個版本的工作更多。你強迫開發者寫更多的程式碼，但這是必須的，因為這是寫正確程式碼的唯一方式。要確定所有用於計算雜湊值的資料成員都是不可改變的。

規則 3 說明了 GetHashCode() 應為所有輸入產生一個在所有整數間的隨機分布。這個條件的滿足和你所建立的型別有關。如果真有一條神奇的公式存在，那就在 System.Object 中實作並且本書中的作法 10 就不必存在了。一個常用的演算法是把型別中所有欄位的 GetHashCode() 回傳值做 XOR。如果你型別中包含一些可改變的欄位，請把它們由計算中排除。這個演算法只有在你型別中的欄位是沒有任何形式的關聯時才會成功。否則這個演算法的雜湊碼會聚集在一起，導致你的容器內只有少數的 buckets，而這些 buckets 都會包含很多項目。

兩個 .NET framework 中的例子解說這個規則的重要性。int 實作的 GetHashCode() 傳回的就是該 int －導致雜湊碼一點都不隨機。這個情況之下雜湊碼會聚集在一起。DateTime 的實作把 64 位元內部 ticks 欄位的 high 及 low 32 位元做 XORs。把這些事實合在一起，假想是在為一個有名稱及出生年月日欄位的學生類別建立一個雜湊函式。如果你使用 DateTime 去實作 GetHashCode()，會比你用年、月、日等欄位去計算雜湊碼的效果好很多。對學生而言，年欄位值很可能聚集在常見的學生年齡附近。熟知你的資料集對建立合適的 GetHashCode() 方法而言是很重要的。

GetHashCode() 有非常特別的需求。相等的物件必須產生相等的雜湊碼，而且雜湊碼必須是不會依實體而改變的，並且為了有效率起見必須分布均勻。只有不可改變的型別可滿足這三條規則。對於其他型別，使用預設行為，但要了解它的缺陷。

API 設計

2

在為你建立的型別設計 API 時，與你的使用者溝通。你公開揭露的結構函式、屬性及方法應該要讓願意使用你的型別的開發者更容易的、正確的使用。健全的 API 設計會考慮你建立的型別的許多層面。其中包含使用者如何建立型別的實體、包括你選擇如何透過方法與屬性展示型別的功能、包括物件如何用事件（events）或往外的方法呼叫來回報改變，最後也包括你如何表達不同型別的共同性。

作法 11 在你的 API 中避免轉換運算子

轉換運算子在類別之間引入某種可替代性。可替代性表示一種類別可以用另一種替代。這個彈性可以帶來一種好處：基底類別的物件可以用衍生類別的物件替代，就如同在古典的形狀（shape）階層例子一般。假設你建立了一個 Shape 基底類別，並且衍生出一系列的客製化：Rectangle、Ellipse 及 Circle 等。在任何預期一個 Shape 的地方你就可以用一個 Circle 替代－這就是使用多型（polymorphism）進行替代。以上的替代可運作，因為 Circle 就是一種特殊的 Shape 型別。

當你建立一個類別時，有些轉換是自動允許的。任何物件都可用來替代一個 `System.Object` 的實體，`System.Object` 是 .NET 類別階層的根。同樣的方式，任何你建立的類別的物件都可自動的替代它所實作的介面、任何它的基底介面，或任何基底類別。C# 語言也支援多種數值的轉換。

當你為你的型別定義一個轉換運算子（conversion operator），你告訴編譯器你的型別可用來替代目標型別。這些替代常導致微妙的錯誤，因為你的型別可能不是目標型別的完美替代。修改目標型別狀態的副作用不會對你的型別產生相同的影響。更糟的是，如果你的轉換運算子傳回的是一個暫時性的物件，副作用會修改暫時性的物件，並在記憶體回收之後永遠的丟失。最後，叫用轉換運算子的規則是基於一個物件編譯時期的型別，而不是基於物件執行期的型別。後果為型別的使用者可能需要進行再次轉換才能叫用轉換運算子，而如此會導致程式碼難以維護。

如果你想要轉換別的型別為你的型別，則使用一個建構函式。這個慣用法更能反映建立一個物件的動作。轉換運算子可以為你帶來難以發現的問題。假設你如圖 2.1 所示繼承了一個程式庫的程式碼。Circle 類別與 Ellipse 類別兩者都是由 Shape 類別衍生而來。你決定不要去觸碰現有階層，因為雖然 Circle 與 Ellipse 是相關的，但你不想要在你的階層中有非抽象基底類別（nonabstract base classes），並且當你由 Ellipse 類別衍生 Circle 類別時有數個實作的問題可能發生。但是你了解到在幾何世界中每個圓都是一個橢圓。除此之外，有些橢圓可替代圓。

這個理解導致你加入兩個轉換運算子。每個圓都是一個橢圓，所以你加入一個隱含轉換（implicit conversion），由一個 Circle 物件建立一個新的 Ellipse 物件。每當由一個型別轉換為另一個型別時，都會呼叫隱含轉換。

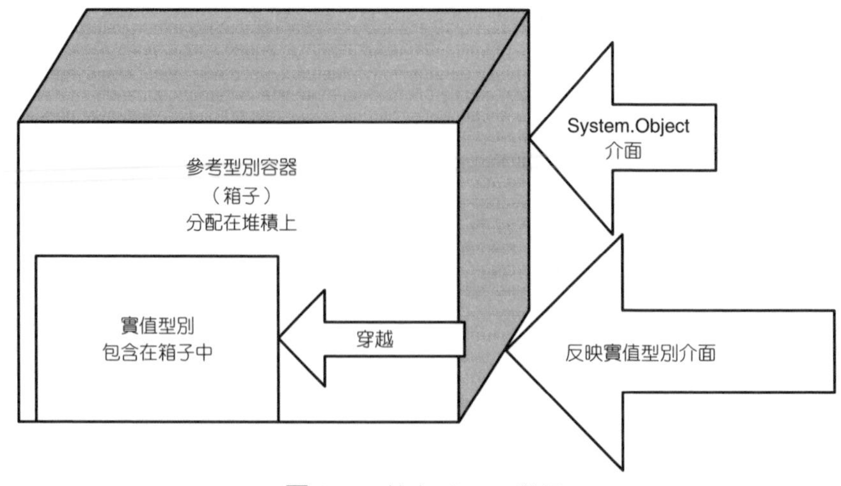

圖 2.1　基本 shape 階層

相對的明確轉換（explicit conversion）只會在開發者放一個 cast 運算子於程式中才會被呼叫。

```
public class Circle : Shape
{
    private Point center;
    private double radius;

    public Circle() :
        this(new Point(), 0)
    {
    }

    public Circle(Point c, double r)
    {
        center = c;
        radius = r;
    }

    public override void Draw()
    {
        //...
    }

    static public implicit operator Ellipse(Circle c)
    {
        return new Ellipse(c.center, c.center,
            c.radius, c.radius);
    }
}
```

現在你有了隱含轉換運算子了，你可以在任何預期一個 Ellipse 的地方使用一個 Circle。再者，轉換會自動發生：

```
public static double ComputeArea(Ellipse e) =>
    e.R1 * e.R2 * Math.PI;

// 呼叫：
Circle c1 = new Circle(new Point(3.0, 0), 5.0f);
ComputeArea(c1);
```

這個例子顯示我們所謂可替代性的意義為何。一個圓替代了一個橢圓。ComputeArea 函式和替代運作良好。你運氣蠻好的。但請參考以下這個函式：

```
public static void Flatten(Ellipse e)
{
    e.R1 /= 2;
    e.R2 *= 2;
}

// 使用一個圓呼叫：
Circle c = new Circle(new Point(3.0, 0), 5.0);
Flatten(c);
```

這不會運作。Flatten() 方法接受一個橢圓作為引數，所以編譯器必須用某種方法把一個圓轉換為一個橢圓。你已建立一個隱含轉換做這件事。你的轉換被呼叫，然後 Flatten() 函式接收到它要的參數－也就是你的隱含轉換所建立的橢圓。這個暫時性的物件被 Flatten() 函式修改，而且立即被回收。預期的副作用在你的 Flatten() 函式中發生，但這只發生在一個暫時性物件上。結果是圓 c 什麼事也沒發生。

把轉換由隱含改為明確的僅僅是強迫使用者在呼叫中加入一個 cast：

```
Circle c = new Circle(new Point(3.0, 0), 5.0);
Flatten((Ellipse)c);
```

原來的問題依舊存在－你只不過強迫你的使用者增加一個 cast 去引發問題。你依然建立一個暫時性的物件、把它壓扁然後回收。圓 c 根本沒有被更改。但是如果你建立一個建構函式把 Circle 轉換為一個 Ellipse，動作就更清楚了：

```
Circle c = new Circle(new Point(3.0, 0), 5.0);
Flatten(new Ellipse(c));
```

大部分的程式設計師看到剛才的兩行立刻就明白，任何針對傳入 Flatten() 的橢圓所作的更改將會失去。他們會以追蹤新物件的方式修正問題：

```
Circle c = new Circle(new Point(3.0, 0), 5.0);
```

```
Flatten(c);
// 處理圓
// ...

// 轉換為橢圓
Ellipse e = new Ellipse(c);
Flatten(e);
```

變數 e 存放壓扁後的橢圓。經由使用一個建構函式替代轉換運算子，你沒有喪失任何功能，只是更清楚的指出新的物件是何時建立的。（有經驗的 C++ 程式設計師應注意到 C# 在隱含或明確轉換時並不會呼叫建構函式。只有在你明確的使用 new 運算子時才會建立新的物件，而其它的時候並不會。於 C# 中並不需要在建構函式使用 explicit 關鍵字。）

圓傳回你物件內欄位的轉換運算子並不會展現這種行為，但它們有其他的問題。使用這種策略會在你的類別的封裝上開啟一個大漏洞。經由把你的型別轉換為另一種物件，類別的客戶端可以存取到內部的變數。基於作法 17 中的所有理由，最好盡力避免此種可能性。

轉換運算子帶來一種微妙的狀況，可以在你程式碼造成問題。它們的使用在所有的情況中都會促使使用者預期另一個物件會被用來替代你建立的那一個。當這一個被替代的物件被存取時，客戶端會操作暫時性的物件或欄位，而不是你建立的類別。在此情況下，會對暫時性的物件進行修改並進行回收。這些微妙的錯誤很難找出，因為編譯器產生程式碼來轉換這些物件。在你的 API 中避免使用轉換運算子。

作法 12 使用選擇性引數減少方法的多載

C# 允許你使用位置或名稱指定方法引數。依照次序，型式引數（formal parameters）的名稱構成你型別的 public 介面。改變一個 public 引數的名稱可以破壞呼叫的程式碼。要避免這個問題，你應該在很多情況中避免使用有具名引數（named parameters），並且應該避免改變 public 或 protected 方法中型式引數的名稱。

當然，沒有程式語言的設計者是為了使你的日子難過而加入功能。具名引數的加入是有理由的，而且他們有正當的用途。

具名引數與選擇性引數（optional parameters）的配合使用被用在許多 API 中，尤其是 Microsoft Office 的 COM API，防止粗心大意的操作。以下的程式碼片段使用古典的 COM 方法建立一個 Word 文件並插入少量文字：

```
var wasted = Type.Missing;
var wordApp = new
    Microsoft.Office.Interop.Word.Application();
wordApp.Visible = true;
Documents docs = wordApp.Documents;

Document doc = docs.Add(ref wasted,
    ref wasted, ref wasted, ref wasted);

Range range = doc.Range(0, 0);

range.InsertAfter("Testing, testing, testing. . .");
```

這一段毫無疑問是沒用的程式碼片段，其中使用 `Type.Missing` 物件四次。任何的 Office interop 應用程式會在應用程式中使用更多的 `Type.Missing` 物件。你的應用程式中堆滿了這些實體，而且隱蔽你正在建立的軟體之實際邏輯。

這些雜訊是在 C# 語言中加入選擇性及具名引數的主要原因。經由使用選擇性引數，Office API 可以為所有 `Type.Missing` 可能使用的位置建立預設值。它連如此小的程式碼都可簡化並提升可讀性：

```
var wordApp = new
    Microsoft.Office.Interop.Word.Application();
wordApp.Visible = true;
Documents docs = wordApp.Documents;

Document doc = docs.Add();

Range range = doc.Range(0, 0);

range.InsertAfter("Testing, testing, testing. . .");
```

當然，你可能不是一直都要使用所有的預設值，但也不想要把所有的 `Type.Missing` 放入其中。假設你想要建立一個新的網頁而不是一個新的

Word 文件。這個選擇是使用 Add() 方法中四個引數的最後一個。經由使用具名引數，你可以只指定最後的引數：

```
var wordApp = new
    Microsoft.Office.Interop.Word.Application();
wordApp.Visible = true;
Documents docs = wordApp.Documents;

object docType = WdNewDocumentType.wdNewWebPage;
Document doc = docs.Add(DocumentType: ref docType);

Range range = doc.Range(0, 0);

range.InsertAfter("Testing, testing, testing. . .");
```

具名引數代表在任何有預設引數（default parameters）的 API 中，只需要指定你打算使用的那些引數。這個策略比使用多個方法的多載更為簡單。事實上，以四個不同的引數來算，你需要建立 Add() 方法 16 個不同的多載才能達成具名引數與選擇性引數所提供的彈性。Office API 中有些方法有多達 16 個引數，選擇性引數與具名引數在簡化使用上幫了很大的忙。

在前述例子中引數列所包含的 ref 修飾詞，在 C# 4.0 中有另一功能使得這個操作在 COM 情境下是可以省略的。事實上，Range() 是以傳址呼叫方式傳遞值 (0,0)。ref 修飾詞在該處已被省略沒有列出，因為那樣顯然有些誤導。事實上，在大部分的上線版本的程式碼中，ref 修飾詞不應被加到 Add() 的呼叫中。（在範例中 ref 修飾詞被放入是為了讓你看見實際的 API 簽章。）

我們的例子是以 COM 與 Office API 驗證具名引數與選擇性引數，但是你不該把它們侷限在 Office interop 應用程式中使用。實際上你不能如此。呼叫你 API 的開發者可不管你的意願使用具名引數修飾呼叫的位置。

舉例來說，方法：

```
private void SetName(string lastName, string firstName)
{
    // 省略
}
```

可以使用具名引數呼叫以避免任何有關引數名稱順序的混淆：

```
SetName(lastName: "Wagner", firstName: "Bill");
```

標記引數的名稱可確保後續使用這程式的人不會懷疑引數是否以正確的次序排列。只要經由增加引數名稱可以增進別人讀程式時的清晰度，開發者都傾向於使用具名引數。每當你使用的方法包含多個型別的引數時，在呼叫的位置列出引數名稱可使程式碼更為可讀。

改變引數的名稱是重大改變。引數名稱是指儲存在 MSIL 的方法定義中，而不是在呼叫方法的位置。你可以改變引數名稱並釋出元件而不會損及在工作上使用元件的使用者。開發者在針對更新後的版本編譯他們的 assemblies 時會看到一個重大改變，但至少早先的客戶端 assemblies 依然可正常的運作，至少你不會損及工作場所中正在運作的應用程式。使用你成果的開發者依舊會不高興，但他們不會把工作場所中的問題怪罪於你。舉例來說，假設你修改 SetName() 中的引數名稱：

```
public void SetName(string last, string first)
```

你可以編譯並釋出這個 assembly 至工作場所作為一個修補。任何呼叫這個方法的 assemblies 可以繼續運作，縱使其中有以指定具名引數的方式呼叫 SetName()。但是當客戶端開發者嘗試更新他們的 assemblies 時，任何如下列的程式碼都不會編譯成功：

```
SetName(lastName: "Wagner", firstName: "Bill");
```

引數名稱已改變。

更改預設值也需要呼叫者重新編譯他們的程式碼以帶入更新。如果你編譯你的 assembly 並釋放出來作為修補，所有現存的呼叫者會繼續使用先前的預設值。

當然，你不會真的想令使用你的元件的開發者不高興。為此，你必須視你引數的名稱為元件 public 介面的一部分。更改引數名稱會在編譯時中斷客戶端程式碼。

除此之外，新增引數（縱使是有預設值的）會導致程式碼在執行期中斷。選擇性引數實作的方式和具名引數相似。呼叫端在 MSIL 中會有標記反映預設值是否存在，並且預設值為何。當呼叫者並沒有明確指定時，呼叫端會使用預設值替代選擇性引數。

因此，加入引數，縱使是選擇性的引數，在執行期都是重大改變。如果新增的引數有預設值，在編譯時期就不是重大改變。

在這解釋之後，本作法標題所指導的，應更為清楚。在你初次釋放的版本中，使用選擇性與具名引數來建立使用者想要建立的各種多載。但是，一旦開始建立未來的修改版本，你必須為新增的引數建立多載。如此，既存的客戶端應用程式依然可運作。再者，在任何未來的修改版本中，避免改變引數名稱，因為它們已是你 public 介面的一部分。

作法 13 限制型別的可見性

不是每個人都需要看到所有的東西，也就是說不是你建立的每一個型別都需要是 public 的。你必須給每一個型別完成你的目標的最少可見性。這常常是比你想像中的可見性還要少。Internal 或 private 類別可實作 public 介面。所有客戶端都可存取一個 private 型別中定義的 public 介面功能。

建立 public 型別太容易了，使人常常都想這麼做。很多你建立的單一獨立類別應該是 internal 的。你可以在原來的類別中建立 protected 或 private 類別來進一步限制可見性。越少的可見性，隨後你更新時，整個系統就越少部分需要更新。越少的程式碼可以存取某一程式碼，隨後你修改時就越少地方需要更改。

只揭露需要揭露的。嘗試用較少可見性的類別實作 public 介面。你在 .NET Framework 程式庫中可找到列舉模式（Enumerator pattern）的例子。`System.Collections.Generic.List<T>` 中含有一個 private 類別，`Enumerator<T>` 實作 `IEnumerator<T>` 介面：

```
// 解釋用，非完整程式碼
public class List<T>  : IEnumerable<T>
{
    public struct Enumerator : IEnumerator<T>
    {
        // 包含 MoveNext()、Reset() 及 Current
```

```
        // 的具體實作

        public Enumerator(List<T> storage)
        {
            // 省略
        }
    }

    public Enumerator GetEnumerator()
    {
        return new Enumerator(this);
    }

    // 其他清單成員
}
```

由你所寫的客戶端程式永遠不需要知道 Enumerator<T> struct。你只需要知道在你呼叫 List<T> 物件的 GetEnumerator 函式時，你會得到一個有實作 IEnumerator<T> 介面的物件。這特定的型別是實作上的細節。.NET Framework 的設計者在其他的集合類別也依循相同的模式：如 Dictionary<T> 包含 DictionaryEnumerator、Queue<T> 包含 QueueEnumerator 等。

把 enumerator 類別保持是 private 有許多好處。第一，List<T> 類別可以完全取代實作 IEnumerator<T> 的型別，而你完全不知道，因為沒有任何錯誤。你可以使用 enumerator，因為你知道它遵守一個合約，而不是因為你知道實作 enumerator 的型別之詳細資訊。在 framework 中實作這些介面的型別因效能考量的緣故是 public structs，而不是因為你需要直接處理這些型別。

建立 internal 類別是限制型別使用範圍時常常忽略的方法。大部分程式設計師通常沒有考慮任何其他可能性就首選建立 public 類別。與其想都不想就依循這個慣用語法，你應該仔細想一下你的型別要在哪裡使用。型別是在所有的客戶端都要使用，還是主要是在本 assembly 內部使用？

使用介面公開你的功能可讓你能更容易的建立 internal 類別，但又不需要限制它們在 assembly 之外的使用（請見作法 17）。型別需要是 public 的嗎？或者說累積的介面是描述功能較好的方法？Internal 類別讓你可以用一個不同的版本替代類別，只要實作的介面相同即可。舉例來說，請看以下驗證電話號碼的類別：

```
public class PhoneValidator
{
    public bool ValidateNumber(PhoneNumber ph)
    {
        // 進行驗證
        // 檢查正確的區域碼及交換碼
        return true;
    }
}
```

數月過去，這個類別運作良好，直到有一天你接到處理國際電話號碼的要求。現在 PhoneValidator 失效了，因為它的程式只能處理美國電話號碼。你仍然需要驗證美國電話號碼，但是在同一處也需要納入國際電話號碼的驗證。與其把額外的功能塞入同一類別中，其實比較建議著手降低不同項目之間的繫結。你可以建立一個驗證任何電話號碼的介面：

```
public interface IPhoneValidator
{
    bool ValidateNumber(PhoneNumber ph);
}
```

接下來更改既存的電話號碼驗證器以實作上述介面，並更改為 internal 類別：

```
internal class USPhoneValidator : IPhoneValidator
{
    public bool ValidateNumber(PhoneNumber ph)
    {
        // 進行驗證
        // 檢查正確區域碼及交換碼
        return true;
    }
}
```

最後，為國際電話號碼驗證建立一個類別：

```
internal class InternationalPhoneValidator : IPhoneValidator
{
    public bool ValidateNumber(PhoneNumber ph)
```

```
    {
        // 進行驗證
        // 檢查國際碼
        // 檢查特定電話號碼規則
        return true;
    }
}
```

要完成本實作，你需要依照電話號碼的型別建立合適的類別。你可以使用工廠模式達成這個目的。在 assembly 之外，只有介面是可見的。你可以為不同的區域加入不同的驗證類別，而不會干擾到系統中的其他 assembly。經由限制類別的使用範圍，你在更新並擴充整個系統時限制住你需要更改的程式碼。

```
public static IPhoneValidator CreateValidator(PhoneTypes type)
{
    switch (type)
    {
        case PhoneTypes.UnitedStates:
            return new USPhoneValidator();
        case PhoneTypes.UnitedKingdom:
            return new UKPhoneValidator();
        case PhoneTypes.Unknown:
        default:
            return new InternationalPhoneValidator();
    }
}
```

你也可以為 PhoneValidator 建立一個 public abstract 基底類別，用來容納共同的實作演算法。使用者可透過可取用的基底類別取用 public 的功能。在本範例中，使用 public 介面實作是一個極好的選擇，因為幾乎沒有任何共同的功能。不管採用哪一方案，可公開存取的類別都較少。

如果有較少的 public 型別，則你需要測試的可公開存取方法也就較少。再者，如果更多的 public API 是透過介面展示，則你就自動建立了一個可以使用 mock-up 或 stub 替代這些型別做單元測試的系統。

這些你公開向外界展示的類別及介面是你的合約：你必須遵守它們。公開的合約越雜亂，連未來的方向限制就越大。你展示的 public 型別越少，在未來擴充與修改實作的選擇也就越多。

作法 14 優先定義並實作介面進行繼承

Abstract 基底類別為一個類別階層提供一個共同的父類別。一個介面是在描述一個型別中可供實作功能的相關方法。這些策略都各自有不同的定位。介面提供一個宣告設計合約簽章的方式：實作介面的型別必須提供被預期方法的實作。Abstract 類別提供一組相關型別的抽象化。以下是老調重提，但這是有效的：繼承的意思是〝是一個…〞，而介面的意思是〝行為如…〞。這些說法流傳許久是因為它們提供一種方法來描述兩種架構的差異。基底類別描述一個物件是什麼，而介面是描述物件行為的一種方式。

介面描述一組功能，代表的是一份合約。你可以在介面內預留任何東西：方法、屬性、索引子及事件。任何實作介面的 non-abstract 型別必須提供在介面中定義的所有元素之實作。你必須實作所有的方法、提供全部的屬性存取子及索引子，並定義所有介面中定義的事件。你可以辨認並分離出可重複使用的行為放入介面中，也可以把介面用作引數及回傳值。除此之外，介面提供更多重複使用程式碼的機會，因為不相關的型別可以實作相同的介面。再者，對其他開發者而言實作一個介面比由你建立的基底類別產生衍生型別更容易。

在介面中你不能做的事是提供任何成員的實作。介面中不包含任何實作，並且也不包含任何具體的資料成員。使用一個介面，你宣告了所有實作該介面的型別都必須支援的二進位合約。如果你喜歡，可以在介面上建立擴充方法（extension methods）來提供一種實作介面的假象。舉例來說，`System.Linq.Enumerable` 類別包含定義在 `IEnumerable<T>` 上超過 30 個擴充方法。經由使用擴充方法，這些方法看起來像是任何實作 `IEnumerable<T>` 型別的一部分（請見《*Effective C#*，第三版》作法 27）：

```
public static class Extensions
{
    public static void ForAll<T>(
        this IEnumerable<T> sequence,
        Action<T> action)
    {
        foreach (T item in sequence)
            action(item);
```

```
    }
}
// 使用
foo.ForAll((n) => Console.WriteLine(n.ToString()));
```

Abstract 基底類別可以在描述共同的行為之外提供衍生型別一些實作。你可以指定資料成員、具體的方法、virtual 方法的實作、屬性、事件及索引子。一個基底類別可以提供一些方法的實作，因而提供一些共同實作的重複使用。任何的元素可以是 virtual、abstract 或 nonvirtual。一個 abstract 基底類別可以提供任何具體行為的實作，但介面不行。

這種實作重複使用有另一個好處：如果你加入一個方法到基底類別中，所有的衍生類別都自動並隱含的得到加強。在此觀念之下，在時間的進程中，基底類別提供一個有效的方式擴充數個型別的行為。當你在基底類別中加入並實作功能時，所有的衍生類別立即納入該行為。但在一個介面中加入新的成員會毀損所有實作該介面的類別。它們不能取得新方法而且不能編譯。每一個實作的人必須更新型別來納入新成員。或者，如果你需要加入功能至介面而損及現有的程式碼，你可以建立一個新的介面並繼承原來的介面。

在 abstract 基底類別與介面之間作抉擇的問題是，在時間的進程中如何支援你的抽象化。介面是固定的：你釋出一個介面作為一組任何型別均能實作的功能之合約。相對的，基底類別可以隨著時間進程擴充，而這些擴充會成為每一個衍生類別的一部分。

在支援多個介面時，兩種模式可以混用以重複使用實作的程式碼。在 .NET Framework 中一個明顯的例子是 `IEnumerable<T>` 介面及 `System.Linq.Enumerable` 類別。`System.Linq.Enumerable` 類別中含有大量的擴充方法定義在 `System.Collections.Generic.IEnumerable<T>` 介面上。這個分割帶來重大的好處。任何實作 `IEnumerable<T>` 的類別表面上是包含所有這些擴充方法，但是這些額外的方法在形式上並不是定義在 `IEnumerable<T>` 介面中。後果是類別的開發者就不需要為所有這些方法建立自己的實作。舉例來說，請參考以下的類別，為氣象觀察實作 `IEnumerable<T>`：

```
public enum Direction
{
    North,
```

```
    NorthEast,
    East,
    SouthEast,
    South,
    SouthWest,
    West,
    NorthWest
}

public class WeatherData
{
    public WeatherData(double temp, int speed,
        Direction direction)
    {
        Temperature = temp;
        WindSpeed = speed;
        WindDirection = direction;
    }
    public double Temperature { get;  }
    public int WindSpeed { get;  }
    public Direction WindDirection { get;  }
    public override string ToString() =>
        @$"Temperature = {Temperature}, Wind is {WindSpeed}
mph from the {WindDirection}";
}

public class WeatherDataStream : IEnumerable<WeatherData>
{
    private Random generator = new Random();

    public WeatherDataStream(string location)
    {
        // 省略
    }

    private IEnumerator<WeatherData> getElements()
    {
        // 真實的實作會由
        // 氣象站讀取
        for (int i = 0; i < 100; i++)
        yield return new WeatherData(
            temp: generator.NextDouble() * 90,
            speed: generator.Next(70),
```

```
            direction: (Direction)generator.Next(7)
        );
    }

    public IEnumerator<WeatherData> GetEnumerator() =>
        getElements();

    System.Collections.IEnumerator
        System.Collections.IEnumerable.GetEnumerator() =>
        getElements();
}
```

為了塑模一個氣象觀測的序列，WeatherStream 類別實作了 IEnumerable<WeatherData>。這代表兩個方法的建立：GetEnumerator<T> 及古典的 GetEnumerator 方法。後者被明確的實作使得客戶端程式碼會被很自然地導向泛型介面，而不是以 System.Object 為型別的版本。

這兩個方法的實作代表 WeatherStream 類別支援 System.Linq.Enumerable 中定義的所有擴充方法，那代表 WeatherStream 可以作為 LINQ 查詢的資料來源：

```
var warmDays = from item in
                    new WeatherDataStream("Ann Arbor")
                where item.Temperature > 80
                select item;
```

LINQ 查詢語法編譯為方法的呼叫。舉例來說，前述的查詢被轉譯為以下的呼叫：

```
var warmDays2 = new WeatherDataStream("Ann Arbor").
    Where(item => item.Temperature > 80);
```

在這程式碼中，Where 及 Select 呼叫可能看起來像是屬於 IEnumerable<WeatherData>，但事實上不是。也就是說這些方法看起來是屬於 IEnumerable<WeatherData>，因為它們是擴充方法，但事實上它們是 System.Linq.Enumerable 中的 static 方法。編譯器把這些呼叫轉譯為下列呼叫：

```
// 不要寫這一段；僅作解釋用
var warmDays3 = Enumerable.Select(
```

```
                    Enumerable.Where(
                    new WeatherDataStream("Ann Arbor"),
                    item => item.Temperature > 80),
                    item => item);
```

上述程式碼解釋了介面真的不能包含實作。你可以擴充方法模擬此效果。LINQ 是由在類別中建立數個 `IEnumerable<T>` 的擴充方法達成。

這帶領我們到使用介面作為引數及回傳值的議題。一個介面可以由任何數量不相關的型別所實作。針對介面的程式設計比針對基底類別型別的程式設計帶給其他的開發者較大的彈性。這一點是很重要的，因為 .NET 型別系統執行的是單一繼承階層（single inheritance hierarchy）。

以下的三個方法執行相同的工作：

```
public static void PrintCollection<T>(
    IEnumerable<T> collection)
{
    foreach (T o in collection)
        Console.WriteLine($"Collection contains {o}");
}

public static void PrintCollection(
    System.Collections.IEnumerable collection)
{
    foreach (object o in collection)
        Console.WriteLine($"Collection contains {o}");
}

public static void PrintCollection(
    WeatherDataStream collection)
{
    foreach (object o in collection)
        Console.WriteLine($"Collection contains {o}");
}
```

第一個方法最能重複使用。任何支援 `IEnumerable<T>` 的型別都能使用該方法。除了 `WeatherDataStream` 之外，你可以使用 `List<T>`、`SortedList<T>`、任何的 array 及任何 LINQ 查詢的結果。第二個方法也可以與許多型別運作，但是方法用了較不受喜愛的非泛型 `IEnumerable`。

第三個方法的可重複使用性遜色許多，因為方法不能和 Arrays、ArrayLists、DataTables、Hashtables、ImageLists 或其他許多集合類別運作。使用介面作為引數型別來設計方法最為廣泛，也最容易使用。

使用介面定義一個類別的 API 也會提供較大的彈性。WeatherDataStream 類別應實作一個方法傳回一個 WeatherDat 物件的集合。這會是類似以下的程式碼：

```
public List<WeatherData> DataSequence => sequence;
private List<WeatherData> sequence = new List<WeatherData>();
```

很不幸的，這些程式碼會讓你在未來的問題上居於劣勢。在某個時間點，你可能會由使用 List<WeatherData> 改為用一個陣列 SortedList<T>。任何這些改變都會使程式碼停止運作。當然，你可以改變引數型別，但這是在改變類別的 public 介面。改變一個類別的 public 介面會導致你對一個大型的系統要做更多的改變，將會需要改變所有存取 public 屬性的所有位置。

這些程式碼的另外一個問題更加直接也更加令人不安：List<T> 類別提供了多個方法去改變它所包含的 data。使用你類別的使用者可以刪除、修改或甚至把序列中每一個物件換掉－這幾乎可確定不是你的本意。很幸運的，你可以限制你類別的使用者之能力。與其傳回某內部物件的參考，你應該傳回想要客戶端使用的介面。在此情況下，就是 IEnumerable<WeatherData>。

當你的型別以類別型別揭露屬性，型別會把整個介面揭露給該類別。使用介面，你可以選擇只揭露你想要客戶端使用的方法與屬性。用來實作介面的類別是一個可隨著時間進程而改變的實作細節。（請看作法 17）

再者，不相關的型別可以實作相同的介面。假設你正在建立一個應用程式用來管理員工、客戶及廠商。這些實體是不相關的，至少以類別階層的層面來說是如此。儘管如此，它們還是有一些共同的功能。它們全都有姓名，而你很有可能想要控制在應用程式中展示姓名的方式。

```
public class Employee
{
    public string FirstName { get; set; }
    public string LastName { get; set; }
```

```
    public string Name => $"{LastName}, {FirstName}";
    // 其他細節省略
}

public class Customer
{
    public string Name => customerName;

    // 其他細節省略
    private string customerName;
}

public class Vendor
{
    public string Name => vendorName;

    // 其他細節省略
    private string vendorName;
}
```

Employee、Customer 與 Vendor 類別不應該共享一個共同的基底類別，但是它們是有一些共同的屬性：姓名（如先前所示）、地址及連絡電話。你可以把這些屬性分離出來成為一個介面：

```
public interface IContactInfo
{
    string Name { get; }
    PhoneNumber PrimaryContact { get; }
    PhoneNumber Fax { get; }
    Address PrimaryAddress { get; }
}

public class Employee : IContactInfo
{
    // 實作省略
}
```

這個新的介面可以讓你為不相關的型別建立共同的程序，以簡化你的程式設計工作：

```
public void PrintMailingLabel(IContactInfo ic)
{
```

```
    // 實作刪除
}
```

這單一的程序可以和所有實作 IContactInfo 介面的實體運作。現在 Customer、Employee 及 Vendor 全使用相同的程序，只因你強迫它們實作介面。

使用介面同時也代表你偶而可為 structs 省卻一個 unboxing 的懲罰。當你把一個 struct 放入 box 中，box 會支援 struct 所支援的所有介面。當你透過介面參考存取 struct 時，不需要 unbox struct 以便存取該物件。為了解說這一點，請參考以下這個 struct 定義一個連結以及一個描述：

```
public struct URLInfo : IComparable<URLInfo>, IComparable
{
    private Uri URL;
    private string description;

    // 比較 URL 的
    // 字串表示：
    public int CompareTo(URLInfo other) =>
        URL.ToString().CompareTo(other.URL.ToString());

    int IComparable.CompareTo(object obj) =>
        (obj is URLInfo other) ?
            CompareTo(other) :
            throw new ArgumentException(
                message: "Compared object is not URLInfo",
                paramName: nameof(obj));
}
```

本範例使用了 C# 7.0 中的兩個新功能。初始條件是一個模式比對的演算式。它會測試 obj 是否為一個 URLInfo；如果是，則把 obj 指派給變數 other。另一個新功能是 throw 演算式。當 Obj 不是一個 URLInfo 時，則發出一個例外。Throw 演算式不再需要是一個分離的指令。

你可以很容易的建立一個 URLInfo 物件的 sorted list，因為 URLInfo 實作了 `IComparable<T>` 與 `IComparable`。甚至是依賴古典的 `IComparable` 的程式碼都會較少需 boxing 及 unboxing，因為客戶端可以呼叫 `IComparable.CompareTo()` 而不需 unbox 物件。

基底類別描述與實作相關的具體型別之間的共同行為。介面則描述不相關的具體型別可以實作的功能性單元。兩者都有其定位。類別定義你建立的型別，介面描述這些型別的行為為功能區塊。當你了解這些差異，將可以建立更有表達力的設計，而且在面對改變時更有彈性。使用類別階層定義相關的型別。這些型別之間實作的功能用介面揭露。

作法 15 了解介面與 Virtual Method 之間差異

乍看之下，實作一個介面看起來和 override 一個 abstract 函式相同，即表示在兩種情況下，你為在另外一個型別中宣告的成員提供定義。這個初步的看法是誤導的，因為實作一個介面和 override 一個 virtual 函式是很不一樣的。實作一個 abstract（或 virtual）類別的成員時，成員必須是 virtual 的，而實作一個介面中的成員時則不需要是 virtual 的。實作可以而且通常都是 virtual 的。介面成員的實作可以採明確實作（explicitly implemented），導致成員在類別 public 介面中被隱藏。簡單的說，實作介面的 override 一個 virtual 函式是有不同用途的不同概念。

縱使如此，你可以用一種方式實作介面使衍生類別可以修改你的實作。你只需為衍生類別建立 hooks。

為了解其差異性，檢查以下的簡單介面與它在一個類別中的實作：

```
interface IMessage
{
    void Message();
}

public class MyClass : IMessage
{
    public void Message() =>
        WriteLine(nameof(MyClass));
}
```

`Message()` 方法是 MyClass 中 public 介面的一部分。Message 也可透過 IMessage 存取。現在我們加入一個衍生類別把情況複雜化。

```
public class MyDerivedClass : MyClass
{
    public new void Message() =>
        WriteLine(nameof(MyDerivedClass));
}
```

請注意 new 關鍵字被加入前述 Message 方法（請見《*Effective C#*，第三版》作法 10）的定義中，MyClass.Message() 並不是 virtual。衍生類別不能提供一個已被 override 過的 Message。MyDerived 類別建立了一個新的 Message 方法，但是該方法並不 override MyClass.Message，而是隱藏它。再者，MyClass.Message 依然可由 IMessage 參考。

```
MyDerivedClass d = new MyDerivedClass();
d.Message(); // 列出 "MyDerivedClass"
IMessage m = d as IMessage;
m.Message(); // 列出 "MyClass"
```

當你實作一個介面，是在該型別中宣告某一特定合約的具體實作。你作為類別的作者，決定方法是否為 virtual。

讓我們來檢視 C# 語言實作介面的規劃。當一個類別宣告中在它的基底型別中包含介面時，編譯器類別中哪一個成員是和介面中的哪一個成員對應。一個明確的實作比隱含式的實作好很多。如果一個介面的成員在類別的定義中找不到，就會考慮基底型別中可存取的成員。記住 virtual 與 abstract 成員被視為是宣告它們型別的成員，而不是 override 它們型別的成員。

在很多情況中，你會想要建立介面，在基底類別中實作它們，然後在衍生類別中修改行為。你可以如此做，而且你有兩個選擇。如果你無法存取基底類別，可以在衍生類別中重新實作介面：

```
public class MyDerivedClass : MyClass
{
    public new void Message() =>
        WriteLine("MyDerivedClass");
}
```

加入 IMessage 介面改變了你的衍生類別的行為，使 IMessage.Message() 現在使用的是衍生類別的版本：

```
MyDerivedClass d = new MyDerivedClass();
d.Message(); // 列出 "MyDerivedClass"
IMessage m = d as IMessage;
m.Message(); // 列出 " MyDerivedClass "
```

你在 MyDerivedClass.Message() 方法的定義中仍然需要 new 關鍵字。那是依然有問題的線索（請看作法 33）。基底類別的版本仍然可透過對基底類別的參考存取：

```
MyDerivedClass d = new MyDerivedClass();
d.Message(); // 列出 "MyDerivedClass"
IMessage m = d as IM IMessagesg;
m.Message(); // 列出 "MyDerivedClass"
MyClass b = d;
b.Message(); // 列出 "MyClass"
```

修復這個問題的一種方式是修正基底類別，宣告該介面方法應為 virtual：

```
public class MyClass : IMessage
{
    public virtual void Message() =>
        WriteLine(nameof(MyClass));
}

public class MyDerivedClass : MyClass
{
    public override void Message() =>
        WriteLine(nameof(MyDerivedClass));
}
```

MyDerivedClass－以及所有 MyClass 的衍生類別－都可以宣告自己的 Message()。每次都會呼叫已被 override 的版本：經由 MyDerivedClass 參考、IMessage 參考，以及 MyClass 參考均如此。

如果你不喜歡 impure virtual 函式的概念，可對 MyClass 的定義做一個小的改變：

```
public abstract class MyClass : IMessage
{
    public abstract void Message();
}
```

是的，你可以沒有實際實作介面的方法而實作介面。經由宣告介面中方法的 abstract 版本，你宣告了所有由你的型別衍生的具體型別，必須 override 這些介面方法，而且必須定義它們自己的實作。IMessage 介面是 MyClass 宣告的一部分，但是方法的訂定延後到每一個具體衍生類別中。

另一個部分解決方案是實作介面，納入一個對 virtual 方法的呼叫，使衍生類別可以參與介面的合約。你會在 MyClass 中做以下改變：

```
public class MyClass : IMessage
{
    protected virtual void OnMessage()
    {
    }

    public void Message()
    {
        OnMessage();
        WriteLine(nameof(MyClass));
    }
}
```

任何衍生類別可以 override `OnMessage()` 並加入自己的工作到 MyClass 宣告的 `Message()` 方法中。你在別處可找到這個模式，如當類別實作 `IDisposable`（請見作法 26）時。

明確介面實作（請看《*Effective C#*，第三版》作法 26）可使你能夠實作介面，但可以把它的成員在你型別的 public 介面中隱藏。這種用法在實作介面與 override virtual 方法間引入一些曲折之處。明確介面實作允許你在一個更合適的版本可供使用時，防範客戶端的程式碼使用介面方法。《*Effective C#*，第三版》作法 20 中的 `IComparable` 語法詳細的示範此種行為。

在你處理介面與基底類別時還有一點需要注意。基底類別可以為介面中的方法提供預設的實作，而一個衍生類別可以宣告它實作這個介面。衍生類別會由基底類別繼承實作，如下列所示：

```
public class DefaultMessageGenerator
{
    public void Message() =>
        WriteLine("This is a default message");
```

```
}

public class AnotherMessageGenerator :
    DefaultMessageGenerator, IMessage
{
    // 不需要明確的 Message() 方法
}
```

請注意衍生類別可以宣告介面作為它合約的一部分，因為它的基底類別提供了實作。它只需要有一個具有正確簽章的可公開存取方法，介面的合約就被滿足了。

實作介面與建立並 override virtual 函式相比，提供更多的選擇。你可為類別階層建立 sealed 實作、virtual 實作與 abstract 合約。在實作介面的方法中你也可以建立 sealed 實作與納入 virtual 方法的呼叫。你可以精確的決定衍生類別如何與何時可修改類別所實作的任何介面中成員的預設行為。介面方法不是 virtual 方法，而是一個分離的合約。

作法 16 為通知實作事件模式

.NET 事件模式（Event Pattern）只是觀察者模式（Observer Pattern，請見 Gamma、Helm、Johnson 與 Vlissides 的《*Design Patterns*》，第 293–303 頁）的語法上的慣例。事件為你的型別定義通知（notifications）。它們是建立在委派之上，為 event handler 提供 type-safe 的函式簽章。加上大部分使用委派的例子都是事件，開發者開始認為事件和委派是相同的事情，就不奇怪了。

在《*Effective C#，第三版*》作法 7 中提供了何時你可以使用委派而不需定義事件的範例。當你的型別必須與多個客戶端聯繫，通知它們有關系統的動作時就應該舉發事件。事件是物件用來通知觀察者用的。

請參考一個簡單的例子。假設你正在建立一個記錄的類別用來派送一個應用程式中所有來源的訊息，然後派送給任何有興趣的聆聽者。這些聆聽者可能連接到主控台、一個資料庫、系統記錄或其他機構。你的類別定義如下，每當一個訊息到達就會發出一個事件：

```
public class Logger
{
    static Logger()
    {
        Singleton = new Logger();
    }

    private Logger()
    {
    }

    public static Logger Singleton { get;  }

    // 定義事件：
    public event EventHandler<LoggerEventArgs> Log;

    // 加入一個訊息，並記錄它
    public void AddMsg(int priority, string msg) =>
        Log?.Invoke(this, new LoggerEventArgs(priority, msg));
}
```

AddMsg 方法示範了舉發事件的正確方式。?. 運算子確保只有在有聆聽者連接時才會舉發事件。

在上述例子中，LoggerEventArgs 儲存事件的優先程序及訊息。委派定義了 event handler 的簽章。在 Logger 類別中，event 欄位定義了 event handler。編譯器見到 public event 欄位定義後為你建立了 add 與 remove 運算子。產生的程式碼和以下的類似：

```
public class Logger
{
    private EventHandler<LoggerEventArgs> log;

    public event EventHandler<LoggerEventArgs> Log
    {
        add { log = log + value; }
        remove { log = log - value; }
    }

    public void AddMsg(int priority, string msg) =>
        log?.Invoke(this, new LoggerEventArgs(priority, msg));
}
```

C# 編譯器為事件建立的 add 與 remove 存取子的版本使用可保證執行緒安全（thread safe）的不同 add 與 assign 建構。一般而言，public 事件宣告語言較 add/remove 語法更精確也更容易讀與維護。當你在你的類別中建立事件時，應該宣告 public events 並讓編譯器自動為你建立 add 與 remove 屬性。寫自己的 add 與 remove handlers 會令你在 add 與 remove handlers 中做更多的工作。

事件不需要對潛在的聆聽者有任何的資訊。以下的類別自動地把所有訊息路由給標準錯誤（Standard Error）console：

```
class ConsoleLogger
{
    static ConsoleLogger() =>
        Logger.Singleton.Log += (sender, msg) =>
            Console.Error.WriteLine("{0}:\t{1}",
                msg.Priority.ToString(),
                msg.Message);
}
```

另外一個類別可以把輸出導向系統事件檢視器：

```
class EventLogger
{
    private static Logger logger = Logger.Singleton;
    private static string eventSource;
    private static EventLog logDest;

    static EventLogger() =>
        logger.Log += (sender, msg) =>
        {
        logDest?.WriteEntry(msg.Message,
            EventLogEntryType.Information,
            msg.Priority);
        };

    public static string EventSource
    {
        get { return eventSource; }
```

```
        set
        {
            eventSource = value;
            if (!EventLog.SourceExists(eventSource))
                EventLog.CreateEventSource(eventSource,
                    "ApplicationEventLogger");

            logDest?.Dispose();
            logDest = new EventLog();
            logDest.Source = eventSource;
        }
    }
}
```

事件通知任意數量的有興趣之客戶端關於某件事的發生。Logger 類別對於那些有興趣聆聽事件的物件並不需要有任何事先的資訊。

Logger 類別只有一個事件，但有些其它的類別（大部分的 windows 控制項）有大量的事件。在如此情況下，每個事件用一個欄位的主意可能是無法接受的，有時在任何一個應用程式中定義的事件只有一小部分有被實際用到。如果你遇到這種情況，可以修改設計只建立在執行期需要的事件物件。

Framework 的核心在 Windows 控制項子系統有如何達成這個目標的例子。要在我們的例子中這麼做，就需要增加子系統到 Logger 類別，然後為每一個子系統建立一個事件。客戶端隨後註冊和它們子系統相關的事件。

擴充後的 Logger 類別有一個 `System.ComponentModel.EventHandlerList` 容器用來儲存應向某一特定系統發出的所有事件物件。更新後的 `AddMsg()` 方法現在有一個字串引數用來指出產生記錄訊息的子系統。如果子系統有任何的聆聽者，事件就會被舉發。同時，如果聆聽者註冊了對所有訊息的興趣，它的事件會被舉發：

```
public sealed class Logger
{
    private static EventHandlerList
        Handlers = new EventHandlerList();

    static public void AddLogger(
        string system, EventHandler<LoggerEventArgs> ev) =>
        Handlers.AddHandler(system, ev);
```

```
    static public void RemoveLogger(string system,
        EventHandler<LoggerEventArgs> ev) =>
        Handlers.RemoveHandler(system, ev);

    static public void AddMsg(string system,
        int priority, string msg)
    {
        if (!string.IsNullOrEmpty(system))
        {
            EventHandler<LoggerEventArgs> handler =
                Handlers[system] as
                EventHandler<LoggerEventArgs>;

            LoggerEventArgs args = new LoggerEventArgs(
                priority, msg);
            handler?.Invoke(null, args);

            // 空字串代表接收所有訊息：
            handler = Handlers[""] as
                EventHandler<LoggerEventArgs>;
            handler?.Invoke(null, args);
        }
    }
}
```

前述的程式碼把個別的 event handler 儲存在 `EventHandlerList` 集合中。但不幸的是沒有泛型版本的 `EventHandlerList`，因此你在本區段的程式碼中較本書中的許多範例會見到更多的 cast 及轉換。在例子中，客戶端的程式碼連接到某一特定的子系統，並建立新的事件物件。隨後對相同子系統的要求會取得相同的事件物件。

如果你開發了一個在介面中包含大量事件的類別，應該考慮使用這個 event handler 的集合。當客戶端連接到他們選擇的 event handler 時，你建立事件成員。在 .NET Framework 中，`System.Windows.Forms.Control` 類別使用目前實作的一個更複雜的修改版以隱藏它事件欄位的複雜性。每一個事件欄位在內部存取一個物件的集合以新增及移除特定 handlers。你可以在 C# 語言規格找到此語法的更多資訊。

EventHandlerList 類別是沒有用一個新的泛型版更新的類別之一。使用 Dictionary 類別建構你自己的版本並不難：

```
public sealed class Logger
{
    private static Dictionary<string,
        EventHandler<LoggerEventArgs>>
        Handlers = new Dictionary<string,
            EventHandler<LoggerEventArgs>>();

    static public void AddLogger(
        string system, EventHandler<LoggerEventArgs> ev)
    {
        if (Handlers.ContainsKey(system))
            Handlers[system] += ev;
        else
            Handlers.Add(system, ev);
    }

    // 會發出一個例外如系統
    // 並不包含一個 handler
    static public void RemoveLogger(string system,
        EventHandler<LoggerEventArgs> ev) =>
        Handlers[system] -= ev;

    static public void AddMsg(string system,
        int priority, string msg)
    {
        if (string.IsNullOrEmpty(system))
        {
            EventHandler<LoggerEventArgs> handler = null;
            Handlers.TryGetValue(system, out l);

            LoggerEventArgs args = new LoggerEventArgs(
                priority, msg);
            handler?.Invoke(null, args);

            // 空字串代表接收所有訊息：
            handler = Handlers[""] as
                EventHandler<LoggerEventArgs>;
            handler?.Invoke(null, args);
        }
```

```
    }
}
```

泛型版本把 cast 及型別轉換用增加程式碼處理事件的對應來替代。你可能喜歡泛型的版本，但是得失相差不多。

事件提供一個通知聆聽者的標準語法。.NET 事件模式跟隨事件的語法實作觀察者模式。任何數量的客戶端可以連接 handlers 到事件，並進行處理，而且這些客戶端在編譯時並不需要事先知道。事件並不需要訂閱者以確保系統正常運作。透過在 C# 中使用事件可把傳送者與通知的接收者脫鉤。

傳送者的開發可以和接收者的開發完全獨立。事件是廣播你型別採取了那些動作的資訊之標準途徑。

作法 17 避免傳回內部類別物件的參考

你可能想說一個唯讀的屬性是唯讀的，而呼叫者不能修改它。很不幸的是，事情不是永遠如此運作。如果你建立的屬性傳回一個參考型別，呼叫者可存取該物件的任何 public 成員，包括那些能修改屬性狀態的。舉例來說：

```
public class MyBusinessObject
{
    public MyBusinessObject()
    {
        // 唯讀屬性供讀取一個
        // private 資料成員：
        Data = new BindingList<ImportantData>();
    }

    public BindingList<ImportantData> Data { get; }
    // 其他細節省略
}
// 存取集合：
BindingList<ImportantData> stuff = bizObj.Data;
// 不是有意的，但卻是允許的：
stuff.Clear();
```

任何 MyBusinessObject 的公開客戶端可以修改你的內部資料集。你建立屬性來隱藏你的內部資料結構，並提供方法讓客戶端只能透過知道的方法來操控資料，你的類別能管理任何內部狀態的改變。但是一個唯讀屬性卻在你類別的封裝上開了個大洞。它甚至不是一個可讀寫的屬性、一個必然經常考慮的問題對象。它只是一個貨真價實的唯讀屬性。

歡迎來到以參考為基礎的系統之美好世界。任何傳回一個參考型別的成員，其實是傳回該物件的一個 handle。你提供呼叫者你內部資料結構的 handle，使得呼叫者不再需要依循你的物件去修改被裝載在內的參考。

很顯然的，你想要防範這類行為發生。你建立了你類別的介面，想要使用者遵循它。你不想要使用者在你不知情的情況下存取或修改物件的內部狀態。判斷力不佳的開發者可能會在不自覺的情況下誤用了你的 API，因而製造了 bugs，並且在後來會怪罪於你。更邪惡的開發者可能會惡意試探你的程式庫找出可利用的漏洞。不要提供你沒打算要提供的功能。這些功能不會針對惡意的用途進行測試或強化。

有四種策略可用來保護你的內部資料結構，免於被未經規劃下修改，它們是：實值型別、不可改變的型別、介面及 wrappers。

當客戶端透過屬性存取實值型別時是用複製的。任何針對你類別的客戶端複製過來的副本做的改變，並不會影響你物件的內部狀態。客戶端為達到目的對這些副本做多少改變都可以，而且他們的改變不會影響你的內部狀態。

不可改變的型別，如 `System.String`，也是安全的（請看作法 2）。你可以傳回字串，或任何不改變的型別，而依然處於安全的狀態，因為任何你類別的使用者都不可以改變字串。你的內部狀態是安全的。

另外一個選擇是定義介面來允許客戶端存取你內部成員功能的一個子集（請見作法 14）。在你建立自己的類別時，你可以建立支援你的類別中不同功能組合的一組介面。經由介面揭露功能，最小化內部資料被你以沒有預期的方式改變的可能性。客戶端可以經由你提供的介面存取內部物件，範圍不會涵蓋類別全部的功能。這個策略的一個例子是 `List<T>` 揭露的 `IEnumerable<T>` 介面參考。有權謀的開發者可能可以用偵錯工具或單純地對傳回的物件呼叫 `GetType()` 方法以取得實作介面的物件型別，並使用一個 cast 來打敗這個策略。縱使如此，你應盡你所能使開發者更難不當的使用你的工作來攻擊使用者。

請注意 `BindingList` 類別的一個奇怪扭曲可能會導致一些問題。由於並沒有泛型版的 `IBindingList`，你可能想要建立兩個不同的 API 方法來存取資料：一個方法是經由 `IBindingList` 介面支援資料繫結，而另一個方法是支援經由 `ICollection<T>` 或類似介面的程式設計：

```
public class MyBusinessObject
{
    // 唯讀屬性提供
    // private 資料成員的存取：
    private BindingList<ImportantData> listOfData = new
        BindingList<ImportantData>();
    public IBindingList BindingData =>
        listOfData;

    public ICollection<ImportantData> CollectionOfData =>
        listOfData;
    // 其他細節省略
}
```

在討論如何建立資料的完全唯讀檢視之前，讓我們先簡短的討論在你允許公開的客戶端修改資料之下，你如何回應資料的改變。這一點是很重要的，因為你會常想要輸出一個 `IBindingList` 給 UI 控制項以便使用者可以編輯資料。有某個時間點，你毫無疑問曾使用 Windows 表單資料繫結提供使用者編輯物件中 private 資料的管道。`BindingList<T>` 類別支援 `IBindingList` 介面使你可以針對顯示給使用者的集合中項目的任何新增、更新或刪除做出回應。

每當你想要展示內部資料成員給公開的客戶端修改時， 可以推廣此技巧，但你需要驗證並回應這些客戶端的改變。你的類別訂閱你內部資料結構產生的事件。Event handler 透過更新其他內部狀態（請見作法 16）驗證改變或回應改變。

回到原來的問題，你想要讓客戶端檢視資料，但是不能做任何改變。當你的資料存在 `BindingList<T>` 中，你可經由設定 `BindingList` 物件上不同的屬性（如 `AddEdit`、`AllowNew`、`AllowRemove`）加以限制。這些屬性值是 UI 控制項支援的；也就是說 UI 控制項以這些值為基準啟用或停用不同的動作。

因為這些屬性是 public 的，你可以使用它們去修改集合的行為。當然，這也表示你不應該展示 `BindingList<T>` 物件作為 public 屬性。如果你這麼做，客戶端可以修改這些屬性而繞過你有意建立一個唯讀的繫結集合的意圖。再次的，使用一個介面型別而不是一個類別型別來揭露內部的儲存體將可以限制客戶端程式碼能對物件做什麼。

保護你的內部資料結構免於被修改的最後選擇是提供一個 wrapper 物件，並揭露 wrapper 的實體，以減少對被封裝的物件之存取。.NET Framework 不可改變集合（immutable collections）提供支援這個策略的不同集合型別。`System.Collections.ObjectModel.ReadOnlyCollection<T>` 是包裝一個集合並輸出資料的唯讀版本的標準方式：

```
public class MyBusinessObject
{
    // 唯讀屬性提供
    // private 資料成員的存取：
    private BindingList<ImportantData> listOfData = new
        BindingList<ImportantData>();

    public IBindingList BindingData =>
        listOfData;
    public ReadOnlyCollection<ImportantData> CollectionOfData =>
        new ReadOnlyCollection<ImportantData>(listOfData);
    // 其他細節省略
}
```

經由你的 public 介面揭露參考型別允許你物件的使用者修改內部的內容，而無須經由你定義的方法與屬性。這看起來很不直覺，而且會導致一個常見的錯誤。你需要修改類別的介面來因應它是輸出參考型別而不是實值型別的事實。如你只是單純的傳回內部資料，則就提供這些被封裝成員的開發存取。你的客戶端隨後可以呼叫你成員中的任何方法。為了限制存取，你應使用介面、wrapper 物件或實值型別展示 private 內部資料。

作法 18 優先使用 Override 替代 Event Handler

許多 .NET 類別提供兩種不同方式來處理由系統來的事件：經由附加一個 event handler 或 override 一個基底類別中的 virtual 函式。為什麼提供兩種方式做相同的事情？因為不同的情況需要不同的方法。在衍生類別中，你應該永遠 override virtual 函式。Event handler 應只用於回應不相關物件中的事件。

假設你寫了一個很炫的 Windows Presentation Foundation（WPF）應用程式，其中需要回應滑鼠的 mouse down 事件。在你的 form 類別中，你可以選擇 override `OnMouseDown( )` 方法：

```
public partial class MainWindow : Window
{
    public MainWindow()
    {
        InitializeComponent();
    }

    protected override void OnMouseDown(MouseButtonEventArgs e)
    {
        DoMouseThings(e);
        base.OnMouseDown(e);
    }
}
```

或者你可以附加一個 event handler（需要 C# 及 XAML 兩者）：

```
<!-- XAML 描述 -->
    <Window x:Class="WpfApp1.MainWindow"
        xmlns:local="clr-namespace:WpfApp1"
        mc:Ignorable="d"
        Title="MainWindow" Height="350" Width="525"
        MouseDown="OnMouseDownHandler">
    <Grid >

    </Grid>
</Window>
```

```
// C# 檔
public partial class MainWindow : Window
{
    public MainWindow()
    {
        InitializeComponent();
    }

    private void OnMouseDownHandler(object sender,
        MouseButtonEventArgs e)
    {
        DoMouseThings(e);
    }
}
```

你應該比較喜歡第一個方案。這個選擇在 WPF 應用程式強調的是宣告式的程式碼之下有些令人驚奇。縱使如此，如果邏輯必須以程式碼實作，你應該使用 virtual 方法。如果一個 event handler 發出一個例外，該 event 中系列裡的其他 handlers 不會被呼叫（請見《*Effective C#*，第三版》作法 7，以及本章的作法 16）。一些不良的程式碼可能阻止系統呼叫你的 event handler。經由 protected virtual 方法，你確保你的 handler 被首先呼叫。基底類別版本的 virtual 函式負責呼叫附加的某一特定事件之所有 event handler。所以，如果你想要呼叫 event handler（而且你幾乎永遠會），必須呼叫基底類別。在少數情況下，你想要替換預設行為而不是呼叫基底版本，使得其他 event handler 沒有被呼叫。你不能保證所有的 event handler 都會被呼叫，因為一些不良的 event handler 可能發出例外。但你可以保證你的衍生類別行為是正確的。

如果這解釋未能說服你 virtual 函式的優越性，請再一次檢視本做法的第一段程式碼，並和第二段比較。哪一個更清楚？ Override 一個 virtual 函式代表只有一個函式要檢視與修改，如果你需要維護表單。經由比較可發現，event 機制中有兩處需要維護：event handler 函式以及綁定事件的程式碼。這些地方都可能是發生問題之處。一個函式是較為簡單的。

當然 .NET Framework 的設計者必定是有原因才會加事件的，對吧？對的，是有原因的。就像我們一樣，他們忙於寫沒人用的程式。Override 是給衍生類別用的，每一個其他的類別必須使用事件的機制。這也表示在 XAML 檔中定義的宣告式動作將會是經由 event handler 取用。

我們的例子中，設計者可能想要在 mouse down 事件時做某些動作。設計者會為這些行為建立 XAML 宣告，而行為將會經由表單中的事件被取用。你可以在你的程式碼中重新定義這一切，但這對一個事件而言太多工作了。除此之外，這只是把問題由設計者手中移到你手中。當然，你會較喜歡設計者進行設計而不是由你來做。處理這個情況的明顯辦法是建立事件，然後存取由設計工具建立的 XAML 宣告。到最後，你會建立一個新的類別來傳送事件給 form 類別。其實將表單的 event handler 附加到表單上會比較簡單。畢竟這就是為什麼 .NET Framework 設計者把這些事件放入表單中的原因。

另外一個使用事件機制的原因是事件是在執行期才串接起來。結果就是事件會提供較多的彈性。你可以視程式的需要串接不同的 event handler。舉例來說，假設你在寫一個繪圖程式。視程式的狀態而定，一個 mouse down 事件可能開始畫一條線，也可能選擇一個事件。當使用者切換模式時，你就可以切換 event handler。具有不同 event handler 的不同類別可以視應用程式的狀態以不同的方式處理事件。

最後，使用事件，你可以連接多個 event handler 到相同的事件。再次想像相同的繪圖程式。多個 event handler 可能被連接在 mouse down 事件上。第一個可能做某個特定的動作。第二個可能更新狀態列或更新不同命令的可存取性。以這種方式，你可以確保多個動作會發生以回應相同的事件。

當一個函式處理一個衍生類別中的事件時，override 是一個比較好的方式。不但比較好維護，長時間下來也比較好保持正常，也比較有效率。把 event handler 保留作其他用處。比較建議 override 基底類別的實作而不是附加 event handler。

作法 19 避免在基底類別中定義方法多載

當在一個基底類別選擇一個成員的名稱時，會針對該名稱指派語意（semantics）。無論在任何情況下，衍生類別都不能把相同的名稱用在其他用途。但是，還是有很多原因使衍生類別會想用相同的名稱。舉例來說，衍生類別可能想以不同的方式實作相同的語意，或者是使用不同的引數。有些時候是由語言本身直接支援：類別設計者宣告 virtual 函式，使衍生類別可用不同方式實作語意。《*Effective C#*，第三版》作法 10 解釋為何使用 new 修飾詞（modifier）可以導致程式碼中有難以發現的 bugs。在本做法中，你會學習到為何在基底類別中定義方法的多載會帶來類似的問題。你應該避免在基底類別中定義方法多載。

多載解析的規則必然是複雜的。可能的候選方法可能定義在目標類別、任何該類別的基底類別、使用類別的擴充方法或所實作的介面中。再加上泛型方法及泛型擴充方法後，就變得非常複雜。如再加上選擇性的引數，你可能無法精準地知道結果會是什麼。你真的想要在本情況中加上更多的複雜性嗎？為你的基底類別中宣告的方法建立多載會為最佳多載的比對加入更多的可能性，增加不明確性的機會。同時這也增加了你對規範的解釋和編譯器的解釋不同的機會，肯定會混淆你的使用者。解決之道很簡單：選擇一個不同的方法名稱。這是你的類別，而你肯定有足夠的智慧為方法取一個不同的名稱，尤其是在不如此做會導致使用你型別的使用者混淆時。

這裡的指導原則是很直接了當的，但人們會質疑是否需要如此嚴格。或許這是因為多載（overloading）聽起來很像 overriding。Overriding virtual 方法是以 C 為基礎的物件導向語言的核心，而不是此處所指的。多載表示使用相同的名稱及不同的引數清單建立多個方法。基底類別方法的多載是真的會大幅影響多載的解析嗎？為了探討這個問題，讓我們來看在基底類別中的方法多載可以用不同的方式引發問題。

這個問題有很多排列組合，所以我們由簡單的開始。在基底類別中多載之間的交互作用在基底與衍生類別用作引數時被反映出來。本範例使用以下類別階層作為引數：

```
public class Fruit { }
public class Apple : Fruit { }
```

以下是一個有一個方法的類別，使用衍生引數（Apple）：

```
public class Animal
{
    public void Foo(Apple parm) =>
        WriteLine("In Animal.Foo");
}
```

顯然的，本程式碼片段輸出〝In Animal.Foo〞：

```
var obj1 = new Animal();
obj1.Foo(new Apple());
```

現在我們加入一個有一方法多載的衍生類別：

```
public class Tiger : Animal
{
    public void Foo(Fruit parm) =>
        WriteLine("In Fruit.Foo");
}
```

如果你執行以下程式碼會發生什麼事？

```
var obj2 = new Tiger();
obj2.Foo(new Apple());
obj2.Foo(new Fruit());
```

兩者都會列出〝in Tiger.Foo〞。你一直呼叫的都是衍生類別中的方法。許多開發者會認為第一個呼叫會列出〝in Tiger.Foo〞，但甚至只是簡單的多載規則也可以令人驚訝。兩個呼叫都輸出 Tiger.Foo，是因為當一個候選的方法出現在最深層的衍生編譯時期型別（most derived compile-time type）中，該方法就是最佳的方法。縱使在基底類別中可找到一個吻合度更佳的方法依然是如此。運作原則是衍生類別的作者對特定的情境有更多資訊。在多載的解析時最重要的因素是 receiver，`this`。你認為以下的程式碼片段會做什麼呢？

```
Animal obj3 = new Tiger();
obj3.Foo(new Apple());
```

在這程式碼片段中，`obj3` 的編譯時期型別是 Animal（基底類別），雖然執行期型別是 Tiger（衍生類別）。Foo 不是 virtual 的，因此 `obj3.Foo()` 必定解析出 Animal.Foo。

如果你困惑的使用者真的是要得到他們期待的解析規則，將需要使用 casts：

```
var obj4 = new Tiger();
((Animal)obj4).Foo(new Apple());
```

```
obj4.Foo(new Fruit());
```

如果你的 API 把這種架構強加在你的使用者身上，那你就失敗了。事實上，你很容易可以加入更多的混淆。加入一個方法 Bar() 到你的基底類別中：

```
public class Animal
{
    public void Foo(Apple parm) =>
        WriteLine("In Animal.Foo");

    public void Bar(Fruit parm) =>
        WriteLine("In Animal.Bar");
}
```

顯然，下列程式碼會列出〝In Animal.Bar〞：

```
var obj1 = new Tiger();
obj1.Bar(new Apple());
```

現在加入一個不同的多載，其中包含一個選擇性的引數：

```
public class Tiger : Animal
{
    public void Foo(Apple parm) =>
        WriteLine("In Tiger.Foo");

    public void Bar(Fruit parm1, Fruit parm2 = null) =>
        WriteLine("In Tiger.Bar");
}
```

你已經看過在此處會發生什麼。相同的程式碼片段現在列出〝In Tiger.Bar〞（你再次呼叫你的衍生類別）：

```
var obj1 = new Tiger();
obj1.Bar(new Apple());
```

唯一可以叫用到基底類別（再次）方法的方式是在呼叫的程式碼中使用 cast。

這些例子說明了在只有單一引數的方法方面你可能會遇到那些問題。如果你加入以泛型為基礎的引數時，問題會更加混淆。假設加入以下的方法：

```
public class Animal
{
    public void Foo(Apple parm) =>
        WriteLine("In Animal.Foo");

    public void Bar(Fruit parm) =>
        WriteLine("In Animal.Bar");

    public void Baz(IEnumerable<Apple> parm) =>
        WriteLine("In Animal.Foo2");
}
```

現在在衍生類別提供一個不同的多載：

```
public class Tiger : Animal
{
    public void Foo(Fruit parm) =>
        WriteLine("In Tiger.Foo");

    public void Bar(Fruit parm1, Fruit parm2 = null) =>
        WriteLine("In Tiger.Bar");

        public void Baz(IEnumerable<Fruit> parm) =>
            WriteLine("In Tiger.Foo2");
}
```

使用和先前的呼叫類似的方式呼叫 Baz：

```
var sequence = new List<Apple> { new Apple(), new Apple() };
var obj2 = new Tiger();

obj2.Baz(sequence);
```

你認為這次會輸出什麼呢？如果你一直有在注意，可能認為會輸出〝In Tiger.Foo2〞。這個答案可以給你部分分數，因為在 C# 4.0 中的輸出正是如此。在 C# 4.0 及以後的版本，泛型介面支援 covariance 與 contravariance，代表當 Tiger.Foo2 形式上的引數型別是 `IEnumerable<Apple>` 時，Tiger.Foo2 是對 `IEnumerable<Apple>` 而言是一個候選的方法。相對的，早期版本的 C# 並不支援泛型的 variance；也就是說泛型引數是 invariant 的。在那些版本中，當引數是 `IEnumerable<Apple>` 時，Tiger.Foo2 並不是一個候選方法。唯一的候選方法是 Animal.Foo2，在那些版本中這是正確的答案。

範例程式說明了有時候在複雜的情況中，你需要用 cast 協助編譯器選擇你想要的方法。在真實世界中，你毫無疑問會遇到需要使用 cast 的情況，因為類別階層、實作的介面及擴充方法協同決定你要的方法，而不是由編譯器選擇最佳的方法。當然，只因真實世界的情況有時候是醜陋的，並不代表你應該在問題中加入更多自己建立的多載。

現在你可以用對 C# 多載解析的深入了解在雞尾酒會令你的程式設計師朋友感到驚訝。這會是很有用的資訊，而且如果你對選擇的語言知道得越多，會成為一個更好的開發者。但不要預期你的使用者有相同程度的知識。更重要的，千萬不要以每個人對多載解析的運作都有詳盡的認識作為使用你的 API 的先決條件。反而你應該幫你的使用者的忙，不要在基底類別宣告方法多載。這不會提供任何價值，只會導致你的使用者之間的混淆。

作法 20　了解事件如何增進物件之間執行期的耦合

事件看似提供一個方式讓你可把你的類別與它需要通知的型別完全分離。因此，你常在提供向外的事件的定義，讓訂閱者不管它們是什麼型別而訂閱這些事件。在你的類別中，你舉發事件。你的類別對訂閱者一無所知，而且不會對實作這些介面的類別加上任何限制。任何程式碼可以對這些事件進行訂閱，而且針對舉發的事件建立任何它們想要的行為。

在另一方面，卻不是這麼簡單。在以事件為基礎的 API 中會發生耦合的問題。開始時，請注意有一些事件引數含有狀態旗標，會引導你的類別進行某些運算。

```
public class WorkerEngine
{
    public event EventHandler<WorkerEventArgs> OnProgress;
    public void DoLotsOfStuff()
    {
        for (int i = 0; i < 100; i++)
        {
            SomeWork();
            WorkerEventArgs args = new WorkerEventArgs();
            args.Percent = i;
            OnProgress?.Invoke(this, args);
            if (args.Cancel)
```

```
                return;
            }
        }
        private void SomeWork()
        {
            // 省略
        }
    }
```

這段程式碼假設事件的每一個訂閱者都是耦合的。假設你在單一事件有多個訂閱者。有一個訂閱者可能會提交一個取消的要求，而另一個訂閱者可能提相反的要求。前述的定義並不能保證此行為不會發生。擁有多個訂閱者及一個可改變的事件引數代表一系列訂閱者中的最後一個可以覆蓋所有其他的訂閱者。沒有方法可以強制只有一個訂閱者，也沒有方法可保證你是最後一個訂閱者。你可以修改事件引數來確保一旦取消的旗標被設定，其他的訂閱者不能把旗標關掉：

```
public class WorkerEventArgs : EventArgs
{
    public int Percent { get; set; }
    public bool Cancel { get; private set; }

    public void RequestCancel()
    {
        Cancel = true;
    }
}
```

改變 public 介面在此處可正常運作，但是在其他情況下可能不如預期。如你需要確保只有一個訂閱者，必須選擇另一種溝通的方式和其他有興趣訂閱的程式溝通。舉例來說，你可以定義一個介面然後稱之為一個解法。另外，你可以要求有一個定義向外方法的委派。然後你的單一訂閱者可以決定它是否要支援多個訂閱者，並且決定如何操作取消要求的語法。

在執行期，於事件來源與事件訂閱者之間存在另一種形式的耦合。你的事件來源持有代表事件訂閱者的委派之參考。事件訂閱者物件的生命週期會和事件來源物件的生命週期吻合。每當事件發生時，事件來源會呼叫訂閱者的 handler。這個行為在訂閱者被銷毀之後不能再繼續。（回想起

IDisposable 的合約敘述在一個物件被銷毀之後不能呼叫其他的方法，請見《*Effective C#*，第三版》作法 17）。

事件訂閱者需要修改它們實作的銷毀模式以在 Dispose() 方法中解開 event handler。否則，因為在事件來源物件中存在可取用的委派而使訂閱者繼續存活。這是執行期耦合可以令你蒙受損失的另一情況。雖然因為編譯期的相依性被最小化使耦合看似較寬鬆，但執行期的耦合是有代價的。

以事件為基礎的通訊鬆開了型別之間的靜態耦合，但這個結果的代價是在執行期時事件產生者和事件訂閱者的耦合更加緊密。事件的群播（multicast）特性代表所有的訂閱者在回應事件來源上必須有一致的協定。在事件模型中事件來源持有所有訂閱者的參考，代表所有訂閱者必須 (1) 在訂閱者想要銷毀時必須移除 event handler 或 (2) 僅僅只是停止存在。再者，事件來源必須在來源停止時解開所有的 event handler。你必須在使用事件的設計決定中納入這些問題的考量。

作法 21　只宣告 Nonvirtual Event

就像 C# 中許多其他類別成員一樣，事件可以宣告為 virtual。如果能把這過程視為和把 C# 中其他語言元素宣告為 virtual 一樣容易就好了。很不幸的，因為你可以用如欄位一般的語法，也可以用 add 與 remove 語法宣告事件，事情並沒有如此簡單。跨越基底與衍生類別之間建立 event handler，但不依照你預期的方式運作是出奇的容易。更糟的是，你可以建立出難以偵測的損毀。

讓我們修改作法 20 中的 worker engine 以提供一個定義基本事件機制的基底類別：

```
public abstract class WorkerEngineBase
{
    public virtual event
        EventHandler<WorkerEventArgs> OnProgress;

    public void DoLotsOfStuff()
    {
        for (int i = 0; i < 100; i++)
```

```
        {
            SomeWork();
            WorkerEventArgs args = new WorkerEventArgs();
            args.Percent = i;
            OnProgress?.Invoke(this, args);
            if (args.Cancel)
                return;
        }
    }

    protected abstract void SomeWork();
}
```

編譯器建立了一個 private 支援欄位，伴隨 add 與 remove 方法。

因為 private 支援欄位是編譯器產生的，你無法寫程式直接存取它。相反地，你只能透過可公開存取的事件宣告叫用。這個限制顯然也套用到衍生類別。雖然你不可以手動寫程式存取基底類別的 private 支援欄位，但編譯器可以存取它自己產生的欄位。以這種方式，編譯器可以用正確的方式產生正確的程式碼來 override 事件。實際上，建立一個衍生的事件隱藏了基底類別中的事件定義。這個衍生類別和原先的例子做相同的工作：

```
public class WorkerEngineDerived : WorkerEngineBase
{
    protected override void SomeWork()
    {
        // 省略
    }
}
```

增加的 override 事件中斷了程式碼：

```
public class WorkerEngineDerived : WorkerEngineBase
{
    protected override void SomeWork()
    {
        Thread.Sleep(50);
    }
    // 中斷。這隱藏了基底類別
    // 中的 private event 欄位
    public override event
```

```
        EventHandler<WorkerEventArgs> OnProgress;
}
```

宣告被 override 的事件代表使用者用程式碼訂閱事件時存取的不是基底類別中的隱藏支援欄位。使用者用程式碼訂閱衍生的事件，而在衍生類別中沒有程式碼舉發事件。

反過來說，當基底類別使用一個欄位式的事件，override 該事件定義會隱藏基底類別中的事件欄。基底類別中舉發事件的程式碼什麼都不會做，因為所有訂閱者都連接到衍生類別。衍生類別使用欄位式的事件定義或者是使用屬性式的事件定義都不重要。衍生類別的版本隱藏了基底類別的事件。基底類別中程式碼舉發的事件不會實際呼叫訂閱者端的程式碼。

衍生類別只有在使用 add 與 remove 存取子時才能運作：

```
public class WorkerEngineDerived : WorkerEngineBase
{
    protected override void SomeWork()
    {
        Thread.Sleep(50);
    }
    public override event
        EventHandler<WorkerEventArgs> OnProgress
    {
        add { base.OnProgress += value; }
        remove { base.OnProgress -= value; }
    }
    // 重要：只有基底類別才能舉發事件
    // 衍生類別不能直接舉發事件
    // 如果衍生類別須舉發事件，基底
    // 類別必須提供一個 protected 方法
    // 來舉發事件
}
```

如果基底類別宣告一個類似屬性的事件時，你也可以使這個慣用語法運作。

需要修改基底類別使它包含一個 protected 事件欄位，然後衍生類別可以修改基底類別的變數：

```
public abstract class WorkerEngineBase
{
```

```
    protected EventHandler<WorkerEventArgs> progressEvent;

    public virtual event
        EventHandler<WorkerEventArgs> OnProgress
    {
        [MethodImpl(MethodImplOptions.Synchronized)]
        add
        {
            progressEvent += value;
        }
        [MethodImpl(MethodImplOptions.Synchronized)]
        remove
        {
            progressEvent -= value;
        }
    }

    public void DoLotsOfStuff()
    {
        for (int i = 0; i < 100; i++)
        {
            SomeWork();
            WorkerEventArgs args = new WorkerEventArgs();
            args.Percent = i;
            progressEvent?.Invoke(this, args);

            if (args.Cancel)
                return;
        }
    }

    protected abstract void SomeWork();
}
public class WorkerEngineDerived : WorkerEngineBase
{
    protected override void SomeWork()
    {
        // 省略
    }
    // 工作。存取基底類別事件欄
    public override event
        EventHandler<WorkerEventArgs> OnProgress
    {
```

```
        [MethodImpl(MethodImplOptions.Synchronized)]
        add
        {
            progressEvent += value;
        }
        [MethodImpl(MethodImplOptions.Synchronized)]
        remove
        {
            progressEvent -= value;
        }
    }
}
```

但是這程式碼依然限制你的衍生類別之實作。衍生類別不能使用類似欄位的事件語法：

```
public class WorkerEngineDerived : WorkerEngineBase
{
    protected override void SomeWork()
    {
        // 省略
    }
    // 中斷。Private 欄位隱藏了基底類別
    public override event
        EventHandler<WorkerEventArgs> OnProgress;
}
```

你只剩下兩種方式可以修復問題。第一，每當你建立一個 virtual 事件，不要使用類似欄位的語法－在基底類別或任何衍生類別中都不行。另外一個解法是每當你建立一個 virtual 事件定義時，建立一個 virtual 方法用來舉發事件。任何衍生類別必須 override 舉發事件的方法以及 override virtual 事件定義：

```
public abstract class WorkerEngineBase
{
    public virtual event
        EventHandler<WorkerEventArgs> OnProgress;

    protected virtual WorkerEventArgs
        RaiseEvent(WorkerEventArgs args)
    {
```

```
        OnProgress?.Invoke(this, args);
        return args;
    }

    public void DoLotsOfStuff()
    {
        for (int i = 0; i < 100; i++)
        {
            SomeWork();
            WorkerEventArgs args = new WorkerEventArgs();
            args.Percent = i;
            RaiseEvent(args);
            if (args.Cancel)
                return;
        }
    }

    protected abstract void SomeWork();
}

public class WorkerEngineDerived : WorkerEngineBase
{
    protected override void SomeWork()
    {
        Thread.Sleep(50);
    }

    public override event
        EventHandler<WorkerEventArgs> OnProgress;

    protected override WorkerEventArgs
        RaiseEvent(WorkerEventArgs args)
    {
        OnProgress?.Invoke(this, args);
        return args;
    }
}
```

檢視這程式碼顯示把事件宣告為 virtual 其實沒得到什麼。舉發事件的 virtual 方法就是在衍生類別中所有你需要客製的舉發事件之行為。沒有任何事情你可以經由 override 事件本身做到而是 override 舉發事件的方法做不到的：你可以手動遍歷所有的委派，並且提供不同的語意處理事件參數是如何由每一個訂閱者所改變的。你甚至可以不做任何事來壓抑事件。

乍看之下，事件看似提供你的類別和其他有興趣與你的類別通訊的程式碼彼此之間一種寬鬆的耦合介面。如果你建立了 virtual 事件，編譯時期與執行時期的耦合都會發生在你的類別與有興趣訂閱你的事件的類別之間。你為了使 virtual 事件可運作而新增到程式碼的修正，通常代表你其實不需要一個 virtual 事件。

作法 22　建立清楚的、最少的，以及完整的方法群

你為一個方法建立了越多的多載，就越常會遇到混淆不清的情況。更糟的是，當你看似只是把程式碼做了些許改變，就可以導致要改呼叫不同的方法，隨後可能產生意想不到的結果。

在很多情況下，較少的方法多載比較多的多載更容易運作。你的目標應該是建立數量剛剛好的多載；足夠的多載使客戶端開發者容易使用你的型別，但多載不要多到使得 API 複雜化，並且使編譯器建立最佳方法的工作更困難。

你建立了越多模糊不清之處，開發者就越難使用新的 C# 功能（如型別推斷（type inference））來寫程式。你放入越多混淆不清的方法，編譯器就可能無法決定唯一的方法作為最佳方法。

C# 語言規格中敘述了所有可用來決定最吻合的方法之規則。作為一個 C# 開發者，你應該對這些規則有一些了解。更重要的是，作為一個 API 設計人，你應該對規則有紮實的了解。你的責任是所建立的 API 要能最小化編譯器在編譯時因解析混淆而導致錯誤。更重要的是你不要誤導你的使用者，使得在合理的情況下誤會編譯器會選擇哪一個方法。

C# 編譯器在決定是否有最佳的方法時，採用的判斷路徑頗長。如果有最佳方法時，則會是那一個方法。當一個類別只有非泛型方法時，跟隨判斷的邏輯以辨認出呼叫哪一個方法是相當容易的。在你加入更多可能的變化之後，情況就會轉壞，而且你很可能建立了混淆不清的情況。

有幾個情況可能會改變編譯器解析這些方法的方式。更具體得說，影響這個過程的因素有引數的數量及型別、是否有泛型方法為潛在的候選方法、是否有擴充方法候選並且被匯入目前情境中。

編譯器可以在多個地方找尋候選方法。然後，在找到所有候選方法之後，必須選擇最佳方法。如果沒有候選方法或無法在多個候選方法中找到唯一的最佳方法，就會產生編譯錯誤。當然，這些是簡單的情況：你不能送出有編譯錯誤的程式碼。更有挑戰性的問題是當你和編譯器在最佳方法的選擇不一致。在那些情況下，編譯器永遠贏，而你會得到沒有預期到的行為。

有相同名稱的任何方法應該基本上執行相同的功能。舉例來說，在同一類別兩個名稱為 `Add()` 的方法若在語意上是在做不同的事情，則它們應該有不同的名稱。舉例來說，你永遠不該寫如以下的程式：

```
public class Vector
{
    private List<double> values = new List<double>();

    // 加一個值到內部清單
    public void Add(double number) =>
        values.Add(number);

    // 加值到序列中的每個項目中
    public void Add(IEnumerable<double> sequence)
    {
        int index = 0;
        foreach (double number in sequence)
        {
            if (index == values.Count)
                return;
            values[index++] += number;
        }
    }
}
```

這兩個 `Add()` 方法中的任何一個都是合理的，但是它們不應該屬於同一個類別。不同的方法多載應提供不同的引數列－但絕不做不同動作。

單是這個規則就能限制編譯器因呼叫和你預期不同的方法所導致的錯誤。如果兩個方法都做相同的動作，則呼叫哪一個方法應該沒關係對吧？

當然，有不同引數清單的不同方法常有不同的效能數據。縱使多個方法做的工作相同，你仍應得到你預期的方法。作為類別的作者，你可以減少混淆而降低上述事情的發生。

混淆的問題是由於方法有類似的參數而編譯器必須做一個抉擇所引起。在最簡單的情況中，任何可能的多載都只有一個引數：

```
public void Scale(short scaleFactor)
{
    for (int index = 0; index < values.Count; index++)
        values[index] *= scaleFactor;
}

public void Scale(int scaleFactor)
{
    for (int index = 0; index < values.Count; index++)
        values[index] *= scaleFactor;
}

public void Scale(float scaleFactor)
{
    for (int index = 0; index < values.Count; index++)
        values[index] *= scaleFactor;
}

public void Scale(double scaleFactor)
{
    for (int index = 0; index < values.Count; index++)
        values[index] *= scaleFactor;
}
```

經由建立這些多載，你避免了引入任何模糊的地方。除了 `decimal` 之外每一個數值型別都有被列出，所以編譯器永遠呼叫正確匹配的版本（`decimal` 型別在此省略，因為由一個 `decimal` 的值轉換為 `double` 需要一個明確轉換）。如果你有 C++ 程式設計的背景，或許會感到奇怪，為何我沒有建議把所有多載換為一個單一泛型方法。答案是 C# 泛型支援的方式並不像 C++ 範本（templates）一般。對 C# 泛型而言，你不能假設任何方法及運算子在型別引數中出現。你必須用條件約束（constraints，請見《*Effective C#*，第三版》作法 18）指定你的期盼。當然，你可能想使用委派定義一個方法條件約束（請見《*Effective C#*，第三版》作法 7）。很不幸的，這個技巧只是把問題移到程式碼中型別引數及委派均有定義的地方。然後你就會卡在程式碼的某個版本。

但是假設你去除一些多載：

```
public void Scale(float scaleFactor)
{
    for (int index = 0; index < values.Count; index++)
        values[index] *= scaleFactor;
}

public void Scale(double scaleFactor)
{
    for (int index = 0; index < values.Count; index++)
        values[index] *= scaleFactor;
}
```

現在類別的使用者在針對 `short` 與 `double` 兩種情況決定呼叫哪一個方法會更加困難。語言中有 `short` 到 `float` 以及由 `short` 到 `double` 的隱含式轉換。編譯器會選哪一個方法呢？如果編譯器無法選擇一個方法，你就是在強迫程式設計師加上一個明確轉換，使程式可以編譯。在這個情況下，編譯器決定 `float` 比 `double` 更為匹配。每一個 `float` 都可以轉換為一個 `double`，但不是每一個 `double` 都可以轉換為一個 `float`。因此，`float` 必定是比 `double`〝更明確〞，所以使它成為較佳的選擇。但是，大部分你的使用者不見得會有相同的結論。應如以下迴避這個問題：當你為一個方法建立多個多載時，要確定大部分的開發者可以立即了解編譯器會選擇哪一個方法為最佳的匹配。這最好是經由提供一組完整的方法多載來達成。

單一引數的方法相當簡單，但有多個引數的方法就比較難了解。以下是兩個有兩個引數的方法：

```
public class Point
{
    public double X { get; set; }
    public double Y { get; set; }

    public void Scale(int xScale, int yScale)
    {
```

```
        X *= xScale;
        Y *= yScale;
    }

    public void Scale(double xScale, double yScale)
    {
        X *= xScale;
        Y *= yScale;
    }
}
```

如果你使用 int,float 呼叫方法會發生什麼？或用 int,long 呢？

```
Point p = new Point { X = 5, Y = 7 };
// 請注意第二個引數是 long：
p.Scale(5, 7L); // 呼叫 Scale(double,double)
```

在這兩個情況中，只有一個引數和方法多載的引數之一完全匹配。方法並沒有包含另一個引數的隱含式轉換，因此根本不是一個候選方法，當嘗試決定哪一個方法會被呼叫時，有一些開發者或許會猜錯。

但等一下－找尋方法可以更複雜。我們可以加入另一個阻礙，然後看看會發生什麼。如果在基底類別中的方法更好怎麼辦？（細節請見作法 19）。

```
public class Point
{
    public double X { get; set; }
    public double Y { get; set; }

    // 先前的程式碼省略
    public void Scale(int scale)
    {
        X *= scale;
        Y *= scale;
    }
}
public class Point3D : Point
{
    public double Z { get; set; }

    // 不是多載，不是新的。不同引數型別
    public void Scale(double scale)
```

```
    {
        X *= scale;
        Y *= scale;
        Z *= scale;
    }
}

Point3D p2 = new Point3D { X = 1, Y = 2, Z = 3 };
p2.Scale(3);
```

這裡有好幾個錯誤。如果類別的作者是意圖讓 `Scale` 要被多載，應該要宣告 `Scale()` 為一個 virtual 方法。但用來充作多載的方法之作者，讓我們稱她 Kaitlyn，犯了一個錯誤：她建立了一個新的方法（而不是隱藏原來的）。Kaitlyn 已確定她的型別的使用者會產生呼叫錯誤方法的程式碼。編譯器找到範圍中的兩個方法並且決定（依照引數的型別）`Point.Scale(int)` 較佳。經由建立一組有衝突的方法簽章，Kaitlyn 建立了目前的混淆。

加入一個泛型方法來捕捉所有遺漏的情況，使用一個預設的實作，會建立一個更邪惡的情況：

```
public static class Utilities
{
    // 針對 double 傾向用 Math.Max：
    public static double Max(double left, double right) =>
        Math.Max(left, right);

    // 請注意 float、int 等在此處理：
    public static T Max<T>(T left, T right)
         where T : IComparable<T> =>
        (left.CompareTo(right) > 0 ? left : right);
}
double a1 = Utilities.Max(1, 3);
double a2 = Utilities.Max(5.3, 12.7f);
double a3 = Utilities.Max(5, 12.7f);
```

第一個呼叫啟動 `Max<int>` 的泛型方法；第二個則呼叫 `Max(double, double)`；而第三個則呼叫 `Max<float>` 的泛型方法。發生這個結果是因為型別其中之一可以永遠是和泛型方法完全吻合，而不需任何轉換。如果編譯器可以為所有型別引數進行正確的代換，則泛型方法會是最佳的選擇。

是的，縱使有一個只需隱含式轉換的明顯候選方法，只要是可存取到，泛型方法會是唯一個吻合度較佳的方法。

但我尚未結束為你加入更多複雜性：擴充方法也可以混合在考慮的問題中。如果有一個擴充方法看起來比可存取的成員方法更佳怎麼辦？幸好擴充方法是最後才會被考慮的，只有沒找到可用的實體方法時才會被考慮。

如你所見，編譯器在好幾個地方尋找候選方法。當你放入更多的方法，就是在擴充方法的清單。清單越長，潛在的方法就越可能會造成混淆。縱使編譯器清楚哪一個方法是最佳方法，你是在為自己的使用者製造潛在的混淆。如果在一系列的方法多載裡，20 個開發者中只有一個人可以正確的辨認哪一個方法多載會被呼叫，顯然你把你的 API 弄得太複雜了。使用者應該可以由一組可存取的方法多載中了解到編譯器會選擇哪一個做為最佳方法。稍有不慎即是在混淆自己的程式。

如要為你的使用者提供一組完整的功能，建立最少量的一組多載，然後就停。加入方法只是增加你程式庫的複雜度，並沒有增強可用性。

作法 23　部分類別的建構函式、更動子與 Event handler 使用部分方法

C# 語言團隊加入部分類別（partial classes）使程式碼生成器可以建立類別中屬於它們的部分，然後人類開發者可以把產生的程式碼加入另一個檔案。很不幸的，這樣子的分離對複雜的使用模式而言是不夠的。常常人類開發者需要在程式碼產生器建立的成員中加入程式碼。這些成員包括建構子、定義在產生程式碼中的 event handler，及定義在產生程式碼中的更動子方法（mutator methods）。

你的目的是讓使用你的程式碼產生器的開發者不要感到他們應該修改你產生的程式碼。如果角色反過來，在使用工具程式碼時，你應該永遠不需要修改產出的程式碼。如此做會破壞和程式碼生成器之間的關係，而使你更難於繼續使用它。

在某種角度來看，寫部分類別是在設計 API。你，人類開發者或程式碼生成器的作者，是在建立其他開發者（人或者是程式碼生成工具）必須使用的

程式碼。從另一種角度來看，就像兩個開發者同在一個類別上工作，但是有嚴重的限制。兩個開發者之間不會交談，而且任何一方都不能改別人的程式。要處理這些挑戰，你需要為其他開發者提供很多 hooks。你應該以部分方法的形式實作這些 hooks，而另一個開發者可視需要決定是否需要實作這些 hooks。

你的程式生成器為這些擴充點定義部分方法。部分方法提供你一種方式在另外一個檔案中的部分類別裡宣告方法。編譯器會查看完整的類別定義，如果發現其中有定義部分方法，就會產生對這些方法的呼叫。如果沒有類別的作者寫部分方法，編譯器就會移除對方法的呼叫。

因為部分方法可能是或不是類別的一部分，語言針對部分方法的方法簽章加上一些限制。回傳的型別必須是 `void`，部分方法不能是 abstract 或 virtual，而且不能實作介面方法。引述中不能包括任何 `out` 引數，因為編譯器不能初始化 `out` 引數。而且因為方法主體尚未被定義，因此也不能建立回傳值。自動的，所有的部分方法都是 private 的。

對於三種類別成員型別，你應該加入可以讓使用者監控或修改類別行為的部分方法，分別是更動子、event handler 及建構函式。

更動子方法是任何改變類別可觀察狀態的方法。從部分方法及部分類別的觀點而言，你應該把這定義解釋為和任何狀態的改變有關。另外一個提供部分類別實作的原始檔是類別的一部分，因此可以完整的存取你類別的內部結構。

更動子方法應該提供其他的類別作者兩個部分方法。第一個方法應在改變之前被呼叫用以提供驗證的 hooks 並在其他的類別作者有機會駁回改變之前被呼叫。第二個方法是在狀態改變之後被呼叫，然後允許類別的其他作回應狀態的改變。

你的工具的核心程式碼應如下所示：

```
// 把這部分視為由你的工具所產生
public partial class GeneratedStuff
{
    private int storage = 0;
```

```
    public void UpdateValue(int newValue) =>
        storage = newValue;
}
```

你應該在狀態改變之前及之後加上 hooks。如此一來，你可讓其他的類別作者修改或回應改變：

```
// 把這部分視為由你的工具所產生
public partial class GeneratedStuff
{
    private struct ReportChange
    {
        public readonly int OldValue;
        public readonly int NewValue;

        public ReportChange(int oldValue, int newValue)
        {
            OldValue = oldValue;
            NewValue = newValue;
        }
    }

    private class RequestChange
    {
        public ReportChange Values { get; set; }
        public bool Cancel { get; set; }
    }

    partial void ReportValueChanging(RequestChange args);
    partial void ReportValueChanged(ReportChange values);

    private int storage = 0;

    public void UpdateValue(int newValue)
    {
        // 改變前的查驗
        RequestChange updateArgs = new RequestChange
        {
            Values = new ReportChange(storage, newValue)
        };
        ReportValueChanging(updateArgs);
```

```
        if (!updateArgs.Cancel) // 如果 OK，
        {
            storage = newValue; // 改變
                                // 並回報：
            ReportValueChanged(new ReportChange(
                storage, newValue));
        }
    }
}
```

如果沒有人寫兩個部分方法的主體，則編譯後的 `UpdateValue()` 如下：

```
public void UpdateValue(int newValue)
{
    RequestChange updateArgs = new RequestChange
    {
        Values = new ReportChange(this.storage, newValue)
    };
    if (!updateArgs.Cancel)
    {
        this.storage = newValue;
    }
}
```

hooks 允許開發者對任何改變進行驗證及回應：

```
public partial class GeneratedStuff
{
    partial void ReportValueChanging(
        RequestChange args)
    {
        if (args.Values.NewValue < 0)
        {
            WriteLine($@"Invalid value:
               {args.Values.NewValue}, canceling");
            args.Cancel = true;
        }
        else
            WriteLine($@"Changing
                {args.Values.OldValue} to
                {args.Values.NewValue}");
```

```
    }
    partial void ReportValueChanged(
        ReportChange values)
    {
        WriteLine($@"Changed
            {values.OldValue} to {values.NewValue}");
    }
}
```

本例為示範使用 cancel 旗標的協定，讓開發者可以取消任何更動的操作。在建立你的類別時，你可能較偏好由使用者定義的程式碼發出一個例外來取消操作的協定。如果取消的操作需要一直往上傳回到呼叫的程式碼時，發出例外是比較好的選擇。否則，布林值旗標因為特性上是很輕量級的，應該被採用。

再者，請注意在本例中縱使不會呼叫 `ReportValueChanged()` 但也有建立 RequestChange 物件。你可以在建構函式中執行任何程式碼，並且編譯器不能假設可以移除建構函式的呼叫而不會影響到 `UpdateValue()` 方法的語意。你應該盡力使客戶端開發者建立這些用來驗證與要求改變的額外物件之工作減至最少。

在一個類別中很容易發現所有的 public 更動子方法，但是記得要包含所有 public 屬性的 `set` 存取子。如果你漏掉它們中的某一些，其他的類別作者就沒辦法驗證或回應屬性的改變。

接下來你需要在建構函式中提供使用者產生之程式碼的 hooks。產生的程式碼以及使用者寫的程式碼都不能控制要呼叫那一個建構函式，所以你的程式碼生成器必須解決這個問題。它應提供一個 hook 於產生的建構函式中之一被呼叫時呼叫使用者定義的程式碼。以下是先前展示的 GeneratedStuff 類別之擴充版：

```
// 使用者定義程式碼的 hook：
partial void Initialize();

public GeneratedStuff() :
    this(0)
{
}
```

```
public GeneratedStuff(int someValue)
{
    this.storage = someValue;
    Initialize();
}
```

請注意 Initialize() 是在建構過程中最後一個被呼叫的方法。這個機制啟用手寫的程式碼以檢驗目前物件的狀態，並且如開發者在他們的問題領域中發現有東西不正確，可能會做任何的修改或發出例外。你需要確保你不會重複呼叫 Initialize()，並且在產生的程式碼中定義的每一個建構函式都有呼叫這個方法。人類開發者絕對不能在他們所加的任何建構函式中呼叫他們自己的 Initialize() 程序。他們反而應該明確呼叫產生的類別中的一個建構函式，以確保任何所需要的初始化在產生的程式碼中發生。

最後，如果產生的程式碼有訂閱任何事件，你應該考慮在該事件的處理過程中提供部分方法 hooks。如果事件會要求狀態或由產生的類別中取消通知，則這個考量就更是重要。使用者定義的程式碼可能想要修改狀態或改變 cancel 旗標。

部分類別與部分方法提供你在一個類別中完全分離自動生成的程式碼與使用者設計的程式碼的機制。使用此處展示的擴充方式，你應該永遠不需要修改工具生成的程式碼。大部分的開發者大概都是使用 Visual Studio 或其他工具所產生的程式碼。在你考慮修改任何由此類工具所產生程式碼之前，必須檢視由生成的程式碼所提供的介面，並決定其中是否有提供你可以用來達成目標的部分方法的宣告。更重要的是，如果你是程式碼生成器的作者，你必須以部分方法的形式提供一組完整的 hooks 以支援對你生成的程式碼作所希望的擴展。做的稍有不足即會引導開發者前進至一危險的道路，並且鼓勵他們放棄你的程式碼生成器。

作法 24 避免使用 ICloneable，因為它限制你的設計選擇

ICloneable 聽起來是個好主意：你為支援複製的型別實作 ICloneable 介面。如果你不想支援複製就不要實作此介面。當然，你的型別不是與世隔絕的。你決定支援 ICloneable 與否也會影響衍生類別。一旦一個型別支援

了 ICloneable，所有它的衍生型別也必須一樣。所有它的成員型別也必須支援 ICloneable 或者是其他的機制以建立一個複本。

另外，當你的設計包含有物件的網絡時深層複製（deep copies）是很容易造成問題的。ICloneable 在它的官方定義中巧妙的處理這個問題：它支援深層複製或淺層複製（shallow copy）。淺層複製建立一個新的物件其中所有成員欄位的複本。如果成員變數是參考型別，新的物件和原來的物件一樣參考相同的物件。深層複製也是建立一個複製所有成員欄位的新物件。所有的參考型別在複製中會被以遞迴方式複製。內建的型別，如整數，深層與淺層複製則產生相同的結果。一個型別支援哪一種複製呢？這會和型別有關，但要了解在相同的物件中混合淺層與深層複製會導致一些不一致性。

當你涉入 ICloneable 的領域，就可能難以脫逃。在大部分的時候，迴避 ICloneable 會使類別較為簡單。如此的類別較容易使用，也較容易維護。

任何實值型別只包含內建型別作為成員的並不需要支援 ICloneable，一個簡單的指派運算子即可比 Clone() 更有效率的複製 struct 所有的值。Clone() 必須 box 它的傳回值以強制成為一個 System.Object 參考。呼叫者隨後必須進行另一個轉換以由 box 取得值。你需要做的已經夠多了，不要寫一個 Clone() 函式以模仿指派運算。

如實值型別中包含有參考型別時又如何？最明顯的情況是含有一個 string 的實值型別：

```
public struct ErrorMessage
{
    private int errCode;
    private int details;
    private string msg;

    // 細節省略
}
```

string 型別是一個特例，因為它是不可改變的。如果你指派一個 ErrorMessage 物件，原來的以及新指派的 ErrorMessage 物件將會參考相同的 string。這不會導致任何和一般參考型別一樣的問題。如果你有二個參考之一更改 msg 變數，你是在建立一個新的 string 物件（請見《*Effective C#*，第三版》作法 15）。

一般的情況建立一個包含任意參考型別欄位的 struct 是更為複雜的，雖然這不太常發生。struct 的內建指派運算建立一個淺層複製，使得原來的以及複製出來的 struct 參考相同的物件。如需要建立一個深層複製，你需要複製所包含的參考型別，並且需要知道該參考型別支援它的 Clone() 方法進行深層複製。縱使如此，只有在被包含的參考型別支援 ICloneable，而且它的 Clone() 方法建立的是深層複本程序才能運作。

現在讓我們來討論參考型別。參考型別可以支援 ICloneable 介面以顯示對淺層或深層複製的支援。你應該謹慎的加入 ICloneable 的支援，因為如此會導到你型別的所有衍生型別也必須支援 ICloneable。請參考以下這個小的階層：

```
class BaseType : ICloneable
{
    private string label = "class name";
    private int[] values = new int[10];

    public object Clone()
    {
        BaseType rVal = new BaseType();
        rVal.label = label;
        for (int i = 0; i < values.Length; i++)
            rVal.values[i] = values[i];
        return rVal;
    }
}

class Derived : BaseType
{
    private double[] dValues = new double[10];

    static void Main(string[] args)
    {
        Derived d = new Derived();
        Derived d2 = d.Clone() as Derived;

        if (d2 == null)
```

```
            Console.WriteLine("null");
    }
}
```

如果執行這個程式，你會發現 d2 的值是空無。Derived 類別的確有從 BaseType 繼承 ICloneable.Clone()，但該實作對 Derived 型別而言是不正確的：它只複製了基底型別。BaseType.Clone() 建立了一個 BaseType，並不是一個 Derived 物件。這就是為什麼 d2 在測試程式中是空無的，因為它不是一個 Derived 物件。但是，縱使你可以克服這個問題，BaseType.Clone() 不可能正確的複製 Derived 中定義的 dValues 陣列。

當你實作 ICloneable，你強迫所有的衍生類別也實作它。實際上，你應該提供一個 hook 函式以便讓所有的衍生類別使用你的實作（請見作法 15）。要支援複製，衍生類別加入的成員欄位只能是實值型別或是有實作 ICloneable 的參考型別。這對所有衍生型別而言是很嚴格的限制。在基底類別加入 ICloneable 的支援，通常在衍生型別會產生大的負擔，使得你應該在一個 nonsealed 類別避免實作 ICloneable。

當一整個階層需要實作 ICloneable 時，你可以建立一個 abstract 的 Clone() 並強迫所有衍生類別實作它。在這樣情況下，你需要定義一個方式使衍生類別可以複製基底類別的成員。這可由定義一個 protected 的複製建構函式達成：

```
class BaseType
{
    private string label;
    private int[] values;

    protected BaseType()
    {
        label = "class name";
        values = new int[10];
    }

    // 由衍生的值使用進行複製
    protected BaseType(BaseType right)
    {
        label = right.label;
        values = right.values.Clone() as int[];
```

```
    }
}

sealed class Derived : BaseType, ICloneable
{
    private double[] dValues = new double[10];

    public Derived()
    {
        dValues = new double[10];
    }

    // 使用基底類別複製建構函式
    // 建構一個複製
    private Derived(Derived right) :
        base(right)
    {
        dValues = right.dValues.Clone()
            as double[];
    }

    public object Clone()
    {
        Derived rVal = new Derived(this);
        return rVal;
    }
}
```

基底類別不實作 `ICloneable`，取而代之的是它們提供一個 protected 的複製建構函式使衍生類別可以複製基底類別的部分。子類別應該全是 sealed 的，在有需要時實作 `ICloneable`。基底類別並不強迫所有的衍生類別實作 `ICloneable`，但是提供必要的方法給想要支援 `ICloneable` 的任何衍生類別使用。

`ICloneable` 的確是有它的用處，但這些情況是例外性的而不是常規性的。尤其是，在 .NET Framework 更新加入對泛型的支援時並沒有加入 `ICloneable<T>`。你應該永遠不要在實值型別加入 `ICloneable` 支援，而使用指派運算替代。你應該在子類別加入 `ICloneable` 的支援，如型別真的是需要一個複製操作。在子類別有可能要支援 `ICloneable` 時基底類別應建立一個 protected 複製建構函式。在所有的其他情況中，避免用 `ICloneable`。

作法 25 Array 引數限制只使用 params 陣列

使用陣列引數可能使你的程式碼暴露在幾個沒有預期的問題下。建立使用替代的表示方式來傳遞集合或可改變大小的參數給方法的方法簽章是較好的。

陣列有些特殊的性質可使你寫的方法看似是在實作嚴格的型別檢查，但在執行期卻會失敗。以下的小程式在編譯時毫無問題並通過編譯時期所有的型別檢查。但是當你指派一個值給 ReplaceIndices 中 parms 陣列的第一個物件時就會發出 ArrayTypeMismatchException：

```
string[] labels = new string[] { "one", "two",
    "three", "four", "five" };

ReplaceIndices(labels);

static private void ReplaceIndices(object[] parms)
{
    for (int index = 0; index < parms.Length; index++)
        parms[index] = index;
}
```

這個問題的發生是因為作為輸入引數的陣列是共變（covariant）的。你不需要傳陣列的精確型別給方法。再者，縱使陣列是以值傳遞（passed by value），陣列的內容可以是參考型別的參考。你的方法可以用和某些有效的型別不合的方式改變陣列的成員。

當然，前述例子有些明顯，而你或許會想說你永遠不會如此寫程式。但請參考以下這個小的類別階層：

```
class B
{
    public static B Factory() => new B();

    public virtual void WriteType() => WriteLine("B");
}

class D1 : B
```

```
{
    public static new B Factory() => new D1();

    public override void WriteType() => WriteLine("D1");
}

class D2 : B
{
    public static new B Factory() => new D2();

    public override void WriteType() => WriteLine("D2");
}
```

如果你正確的使用這個階層，一切都沒有問題：

```
static private void FillArray(B[] array, Func<B> generator)
{
    for (int i = 0; i < array.Length; i++)
        array[i] = generator();
}

// 其他地方：
B[]
storage = new B[10];
FillArray(storage, () => B.Factory());
FillArray(storage, () => D1.Factory());
FillArray(storage, () => D2.Factory());
```

儘管如此，任何衍生型別之間的不吻合，將會產生相同的 ArrayTypeMismatchException：

```
B[] storage = new D1[10];
// 三個呼叫全都會發出例外：
FillArray(storage, () => B.Factory());
FillArray(storage, () => D1.Factory());
FillArray(storage, () => D2.Factory());
```

再者，因為陣列不支援反變數（contravariance），當你寫入陣列成員時，你的程式碼會編譯失敗，雖然說看起來應該是可以的：

```
static void FillArray(D1[] array)
{
    for (int i = 0; i < array.Length; i++)
        array[i] = new D1();
}

B[] storage = new B[10];
// 產生編譯錯誤 CS1503（引數不吻合）
// 雖然說 D 物件可以放入 B 的陣列中
FillArray(storage);
```

當你試圖把陣列以 ref 引數傳遞，事情會更加複雜。你將可以在方法中建立衍生型別，但是基底型別卻不行。但是，陣列中的物件型別可能依然是錯的。

你可以把引數指定為介面型別以建立一個 type-safe 的序列用來迴避問題。輸入引數應指定為某一型別 `T` 的 `IEnumerable<T>`。這個策略確保你不能修改輸入的序列，因為 `IEnumerable<T>` 並沒有提供任何方法以修改集合。另一個選擇是把型別以基底類別傳送－這是避免建立支援修改集合的 API 之慣用法。當你寫的方法所包含的引數中有一個是陣列時，呼叫者必定會預期可以把陣列中任何一個元素或所有元素置換。沒有方法可以限制這種用法。如果你無意修改集合時，要在你 API 的簽章中展示這個事實。（更多的範例請見本章的其他作法）。

當你需要修改序列時，最好是使用一個序列的輸入引數，並傳回修改後的序列這種模式（請見《*Effective C#，第三版*》作法 31）。當你想要產生序列，把序列以某型別 `T` 的 `IEnumerable<T>` 回傳。

有時候，你可能想要傳遞任意的選項進入方法，而這就是你以陣列作為參數時的時機。當你要這麼做的時候，要確定使用的是 `prams` 陣列。`prams` 陣列允許你方法的使用者將這些元素簡單地放在其他引數中。比較這兩個方法：

```
// 一般陣列
private static void WriteOutput1(object[] stuffToWrite)
{
    foreach (object o in stuffToWrite)
        Console.WriteLine(o);
}
// params 陣列
```

```
private static void WriteOutput2(
    params object[] stuffToWrite)
{
    foreach (object o in stuffToWrite)
        Console.WriteLine(o);
}
```

如你所見，你建立方法的方式以及如何檢測陣列中的元素差異都很小。但注意呼叫程序的差別：

```
WriteOutput1(new string[]
    { "one", "two", "three", "four", "five" });
WriteOutput2("one", "two", "three", "four", "five");
```

你的使用者的麻煩是如果他們想要指定任何選擇性的引數會變得更糟。Params 陣列的版本可以沒有引數就能呼叫：

```
WriteOutput2();
```

常規陣列的版本會為你的使用者帶來一些痛苦的選擇：

```
WriteOutput1(); // 不會編譯
```

嘗試以 null 作為參數會產生 null 例外：

```
WriteOutput1(null); // 產生 null 參數例外
```

你的使用者型別只剩下多打些字的這個版本：

```
WriteOutput1(new object[] { });
```

這個替代方案依然不是完全的。甚至 params 陣列也可能有和共變參數型別相同的問題，雖然會比較少遇到這些困難。第一，編譯器為傳至方法的陣列產生儲存體。嘗試去更改編譯器產生的陣列中的元素是不合理的，而且呼叫的方法也不會看到任何改變。再者，編譯器會自動產生正確型別的陣列。如要製造例外，使用你的程式碼的開發者需要寫真正有問題的建構。它們會需要建立一個不同型別的陣列，然後需要去使用該陣列作為參數替代 params 陣列。雖然這是有可能的，但系統已做了許多以防止這一類錯誤的發生。

陣列並非永遠是錯誤的方法引數，但它們可以導致兩種類型的錯誤。陣列的共變數行為可以導致執行期的錯誤，而陣列的 aliasing 代表被呼叫者可以替換呼叫者的物件。縱使你的方法沒有展示這些問題，方法的簽章暗示可能會如此。這個可能性會在使用你程式碼的開發者之間引起關切：這是安全的嗎？它們應該建立暫時性的儲存體嗎？每當你使用一個陣列作為方法的引數，幾乎一定會有更佳的選擇。如果引數代表一個序列，使用 IEnumerable<T> 或者是為適當的型別建構一個 IEnumerable<T>。如果引數代表的是一個可改變的集合，則重新安排簽章以改變輸入序列並建立輸出序列。如果引數代表一組選項，則使用 params 陣列。在所有的這些情況下，你會有一個更好、更安全的介面。

作法 26　在 Iterators 與 Async 方法中使用區域函式啟動立即錯誤回報

現代的 C# 包含了一些可產生大量機器碼的高階語言建構。其中包含迭代器方法（iterator methods）及 async 方法。這些建構的主要好處是減少原始程式碼以及更清晰的原始程式碼。當然，沒有東西是真正免費的。迭代器方法以及 async 方法都會延遲執行你寫在方法中的程式碼。初始的程式碼的形式常常都是參數檢查及物件驗證的程式碼，在方法被不正確的呼叫或在不對的時間呼叫時，應該發出例外。但是這些結果都不會發生，因為編譯器產生的程式碼重構了你的演算法。請看以下的例子：

```
public IEnumerable<T> GenerateSample<T>(
    IEnumerable<T> sequence, int sampleFrequency)
{
    if (sequence == null)
        throw new ArgumentException(
            "Source sequence cannot be null",
            paramName: nameof(sequence));
    if (sampleFrequency < 1)
        throw new ArgumentException(
            "Sample frequency must be a positive integer",
            paramName: nameof(sampleFrequency));

    int index = 0;
    foreach(T item in sequence)
```

```
    {
        if (index % sampleFrequency == 0)
            yield return item;
    }
}

var samples = processor.GenerateSample(fullSequence, -8);
Console.WriteLine("Exception not thrown yet!");
foreach (var item in samples) // 在此發出例外
{
    Console.WriteLine(item);
}
```

當迭代器方法被呼叫時，多數的例外是不會發出的。反之，當被迭代器傳回的序列被列舉時，就會發出例外。在這簡單的範例中，你很可能看出錯誤在哪裡，然後很快速的修復。但是，在大規模的程式中，建立迭代器的程式碼以及列舉序列的程式碼可能不在同一個方法中，或者甚至不在同一個類別中。這會使問題更難於找尋與辨認，因為發出例外的程式碼是不相關的。

相同的情況也會發生在 async 方法中。請考慮下例：

```
public async Task<string> LoadMessage(string userName)
{
    if (string.IsNullOrWhiteSpace(userName))
        throw new ArgumentException(
            message: "This must be a valid user",
            paramName: nameof(userName));
    var settings = await context.LoadUser(userName);
    var message = settings.Message ?? "No message";
    return message;
}
```

async 修飾詞指示編譯器重新調整方法中的程式碼，並傳回一個管理非同步工作狀態的 Task。傳回的 Task 物件儲存非同步工作的狀態。只有該 Task 在等待時該方法發出的例外才會被觀察到（細節請見第 3 章中的做法）。就像迭代器方法一樣，發出例外的程式碼可能不在產生初始問題的程式碼附近。

在理想上，你會想要一旦發生錯誤就盡快回報這些錯誤。沒有正確的使用你的程式庫的開發者應該在有錯誤時就可以看到回報，如此才能確保它們可以容易的修復錯誤。達到這個目標的方式就是把這些方法分為兩種不同的方法。讓我們由迭代器方法開始。

一個迭代器方法是一個在列舉一個序列時使用 `yield return` 敘述傳回一個序列的方法。這些方法必須傳回 `IEnumerable<T>` 或 `IEnumerable`。事實上有很多方法可以傳回這些型別。用來把程式上的錯誤積極回報的技巧是把迭代器方法分為兩個方法：一個使用 `yield return` 的實作方法，以及一個負責所有驗證的 wrapper 方法。你可以把第一個例子如以下方式分為兩個方法。以下是 wrapper 方法：

```
public IEnumerable<T> GenerateSample<T>(
    IEnumerable<T> sequence, int sampleFrequency)
{
    if (sequence == null)
        throw new ArgumentNullException(
            paramName: nameof(sequence),
            message: "Source sequence cannot be null",
            );
    if (sampleFrequency < 1)
        throw new ArgumentException(
        message: "Sample frequency must be a positive integer",
        paramName: nameof(sampleFrequency));

    return generateSampleImpl();
}
```

這個 wrapper 方法處理所有的參數驗證及其他狀態的驗證。然後它呼叫負責處理工作的實作方法。以下是以區域函式的方式包裝於 GenerateSample：

```
IEnumerable<T> generateSampleImpl()
{
    int index = 0;
    foreach (T item in sequence)
    {
        if (index % sampleFrequency == 0)
            yield return item;
    }
}
```

第二個方法沒有任何錯誤檢查，所以你應該盡可能限制對它的存取。至少這方法應是 private 的。自 C# 7 起，你可以使這個實作成為一區域函式，定義在 wrapper 方法內。這個技巧提供數個優點。以下是使用區域函式實作迭代器方法的完整程式碼：

```
public IEnumerable<T> GenerateSampleFinal<T>(
    IEnumerable<T> sequence, int sampleFrequency)
{
    if (sequence == null)
        throw new ArgumentException(
            message: "Source sequence cannot be null",
            paramName: nameof(sequence));
    if (sampleFrequency < 1)
        throw new ArgumentException(
        message: "Sample frequency must be a positive integer",
        paramName: nameof(sampleFrequency));

    return generateSampleImpl();

    IEnumerable<T> generateSampleImpl()
    {
        int index = 0;
        foreach (T item in sequence)
        {
            if (index % sampleFrequency == 0)
                yield return item;
        }
    }
}
```

以這種方式使用區域函式的最大好處是實作方法只能由 wrapper 方法呼叫。因此，沒有辦法可以繞過驗證的程式碼而直接呼叫實作方法。同時也請注意實作方法可存取 wrapper 方法所有的區域變數及所有的參數。沒有任何一者需要以參數的形式傳給實作方法。

於 Async 方法你也可以使用相同的技巧。在這個情況下，public 方法是一個沒有包含 async 修飾詞、但傳回 Task 或 ValueTask 的方法。wrapper 方法進行所有的驗證並積極的回報任何錯誤。實作方法包含有 async 修飾詞並進行非同步工作。

實作方法應有最受限制的範圍。你應該盡可能使用一個區域函式：

```
public Task<string> LoadMessageFinal(string userName)
{
    if (string.IsNullOrWhiteSpace(userName))
        throw new ArgumentException(
            message: "This must be a valid user",
            paramName: nameof(userName));

    return loadMessageImpl();

    async Task<string> loadMessageImpl()
    {
        var settings = await context.LoadUser(userName);
        var message = settings.Message ?? "No message";
        return message;
    }
}
```

此處的優點和其他策略所提供的相同。呼叫方法之程式上的錯誤有被積極的回報，而且應該容易修復。實作方法是隱藏在 wrapper 方法內。wrapper 方法中的驗證程式碼不能被繞過。

在離開這個課題之前讓我們再做最終的觀察：對實作方法使用區域函式的技巧和使用 lambda 函式非常相似。但兩者的實作是不同的，而區域函式是比較好的選擇。編譯器為 lambda 演算式較區域函式必須產出更複雜的結構。Lambda 演算式需要初始化一個委派物件，而區域函式常可實作為一 private 方法。

高階的建構如迭代方法與 async 方法重新安排你的程式碼，而且當有錯誤時發生改變。這些方法的運作應該是你把方法分為兩個以建立你需要的行為。當你選擇這個策略時，要確定你對缺乏錯誤檢查的實作方法之存取加以限制。

以 Task 為基礎的非同步程式設計

3

許多程式設計的工作都和啟動與回應非同步的工作有關。我們從事於分散式的程式設計，在多台機器或虛擬機器上執行。許多應用程式可以跨越執行緒、行程、容器、虛擬機器或實體機器。但是非同步程式設計並不是多執行緒程式設計的同義詞。現代程式設計代表對非同步工作的專精。這工作可包含等待下一個網路封包或等待使用者輸入。

C# 語言，伴隨一些 .NET Framework 中的類別，提供使非同步程式設計更容易的工具。非同步程式設計可以是有挑戰性的，但當你記得一些重要的慣用法，它會比從前更為簡單。

作法 27 非同步工作使用 Async 方法

Async 方法提供一個較為簡單的方式建構非同步演算法。你為一個非同步方法撰寫的核心邏輯，就如同是為同步方法寫的一樣，但是執行的過程和同步方法不同。也就是說，對一個同步方法而言，你寫下指令的序列並預期這些指令執行的順序是和你寫的順序是相同的。但是 async 方法卻不一定如此。Async 方法可能在執行你寫的所有邏輯之前就結束了。然後在隨後的時間因為要因應某一件工作正要完成，方法由當初停止的位置繼續它正常的流程。如果你不了解這個程序，它看起來就像魔術一樣。如果有些許的了解，它可能看起來非常混淆且產生的問題比它回答的更多。繼續往下看便能完全了解編譯器如何把你的程式碼轉換為 async 方法。你將由欣賞非同步程式碼描述的核心演算法學習如何分析非同步的程式碼，並得到了解程式碼如何隨著這些指令及工作執行的技能。

讓我們用最簡單的例子開始：一個實際上以同步方式執行的 async 方法。請參考這個方法：

```
static async Task SomeMethodAsync()
{
    Console.WriteLine("Entering SomeMethodAsync");
    Task awaitable = SomeMethodReturningTask();

    Console.WriteLine("In SomeMethodAsync, before the await");
    var result = await awaitable;
    Console.WriteLine("In SomeMethodAsync, after the await");
}
```

在某些情況下，非同步工作可以在第一個工作等待之前完成。程式庫的設計者可能設計了一個緩衝區，而你存取的值可能已經被存在該處。當你在等待原來的工作，工作已經完成並且繼續以同步的方式執行下一個指令。方法其餘的部分繼續執行直到完成，然後結果被包裝在一個 Task 物件中並傳回。每一件事都是以同步的方式進行。當方法回傳時，它回傳一個已經完成的 Task，然後呼叫者在等待這個工作完成之時也繼續以同步的方法往下做。到這裡為止，這個程序應該是任何一個開發者都熟識的。

但是如果在相同的方法中，工作在等待中而尚未有結果會發生什麼？這樣子控制的流程就會更複雜。在語言支援 async 與 await 之前，你需要設定一些回呼函式（callback）以處理非同步工作回傳的結果。回呼函式的型態可以是一個 event handler 或某種委派。現在就容易多了。要探究非同步的程序處理，讓我們先從觀念上看發生了什麼，而不要關切語言如何實作這個行為。

當達到 await 指令，方法就回傳。方法回傳一個顯示非同步工作尚未完成的 Task 物件。魔法就發生在此處：當等待的工作完成時，這個方法繼續執行在 await 之後的下一個指令。方法繼續做它要做的處理，直到處理已完成，然後已完成的結果更新早先回傳的 Task 物件。這個工作現在通知任何等待它的程式碼它已完成。那些程式碼可以由當初等待這個工作因而中斷的位置繼續向前執行。

在這個過程中最好的探究控制流程是在偵錯工具中把一些例子全程追蹤一遍。穿越有 await 演算式的程式碼然後看執行流程如何進行。

你可能發現和真實世界中的非同步工作比對是有幫助的。請探討做一個自製 pizza 的工作。你開始時是以同步作業方式準備一個麵團，然後啟動一個非同步的程序讓麵團發酵。在這件工作進行的同時，你可以繼續去做醬料。一旦你做好了醬料，可以等待麵團發酵工作完成。然後你可以展開熱爐子的非同步工作。當此工作開始時，你可以組合 pizza。最後，把爐子熱到正確的溫度之後，把 pizza 放到爐子中烤。

現在我們解釋這個程序是如何實作以消除魔法。當編譯器處理一個 async 方法時，它建立開始非同步工作的機制，並且在非同步工作完成後繼續做後續的指令。有趣的改變發生在 await 演算式。編譯器建立資料結構並且委派它的工作使執行可以在 await 演算式後的下一指令繼續。資料結構確保所有區域變數的值有被保存。編譯器基於等待的工作設定一個接續（continuation），使得在工作完成時接續跳回至方法中相同的位置。編譯器有效的為 await 演算式後的程式碼產生了一個委派。編譯器記錄狀態資訊以確保當等待的工作完成時，委派會被啟動。

當等待的工作完成時，它舉發事件以顯示它已完成。方法被再次進入並回復狀態。程式碼看似又回到當初離開的位置，也就是說狀態被回復而執行跳回至適當的地方。這和同步的呼叫完成後執行的接續類似：狀態因為該方法的緣故被設定而執行接續到方法被呼叫之後的位置。當方法剩下的部分被執行，它完成工作、更新先前傳回的 Task 物件然後舉發完成的事件。

當工作完成，通知的機制呼叫 async 方法然後繼續執行。SynchronizationContext 類別負責實作這個行為。這個類別確保當等待的工作完成而一個非同步方法重新啟動時，環境與背景是和等待的工作暫停時的狀態是相符的。在效果上，背景〝把你帶回先前你的所在位置〞。編譯器產生使用 SynchronizationContext 的程式碼來把你帶回至想要的狀態。在一個 async 方法開始時，編譯器使用 static Current 屬性暫存目前的 SynchronizationContext。當等待的工作恢復時，編譯器以委派的方法把剩餘的程式碼發佈到相同的 SynchronizationContext 中。SynchronizationContext 以環境中適當的方式規劃工作排程。在一個 GUI 應用程式中，SynchronizationContext 使用 Dispatcher 作工作排程。（請見作法 37）。在網頁的環境中，SynchronizationContext 使用執行緒區集與 QueueUserWorkItem（請見作法 35）。在一個主控台應用程式中，因為沒有 SynchronizationContext 的緣故，工作會在目前的執行緒繼續。

請注意有些環境有多執行緒，而其他的只有單一執行緒並使用合作的方式作工作排程。

如果等待的非同步工作有錯誤，有錯誤工作的例外會被發送附加至 SynchronizationContext 的程式碼中。當接續工作執行時，例外就會被舉發。後果導致沒有被等待的工作如果有錯誤時，不會有任何它們的例外被觀察到。這些工作的接續沒有被排程。雖然它們的例外有被捕捉到，但沒有被發至 SynchronizationContext 中。因為這個緣故，等待任何你啟動的工作是很重要的：這是觀察到由非同步工作發出的例外之最好方式。

相同的策略被延伸到有多個 await 演算式的方法中。每一個 await 演算式可以導致 async 方法在工作尚未完成回傳至呼叫者。內部的狀態會被更新使程序在再次接續時，可以使執行回傳至正確的位置進行。就像只有單一 await 演算式時，SynchronizationContext 決定剩餘的工作如何處理：要不是在背景中唯一的一條執行緒上，就是在一條不同的執行緒上。

語言所寫的程式碼，和你為非同步工作完成時註冊通知的程式碼，是相同類型的。它是以一種標準的方式撰寫，使程式碼就好像同步的程式一樣易於閱讀。

截至目前為止我們是假設所有非同步工作都順利的完成。當然，事情不一定一直如此。

有時候，例外會被發出。Async 方法也必須處理這些情況。這個需要使得控制流程更為複雜，因為一個 async 方法可能需要在完成所有工作之前回傳至它的呼叫者。它必須用某種方法把例外寫入呼叫堆疊中。在一個 async 方法中，編譯器產生一個 try/catch 區段以捕捉所有的例外。任何及所有的例外都是儲存在 Task 物件的一個成員 AggregateException 中。當一個有錯誤的 Task 被等待時，await 演算式把第一個例外發出至 AggregateException 物件中。在最常見情況中是只有一個例外，而該例外是發出至呼叫者的背景中。如果有多個例外，呼叫者必須解開 AggregateException 並逐一檢查（請見作法 34）。

這個非同步的機制可以用某些 Task API 覆蓋。如果你真的想要等待某一 Task 完成，你可以呼叫 Task.Wait() API，或者你可以檢查 Task<T>.Result 屬性。這兩者都會阻擋直至所有非同步工作完成。這對主控台應用程式中的 Main() 方法可能是有用的。作法 35 描述這些 API 如何可能導致鎖死及應該迴避它們的使用的原因。

編譯器在你使用 async 與 Main() 關鍵字建立非同步的方法時並不會變魔法。它反而是做了許多工作產生許多程式碼來處理接續工作、錯誤回報及回復工作。這個編譯器處理的好處是當非同步工作未完成時工作看起來是暫停的。當非同步工作就緒時，工作就回復了。這個暫停可以在呼叫堆疊中依需要向上走很遠，只要 Task 物件是在等待中。這個魔法運作良好，直到你覆蓋它。

作法 28 永遠不要寫 async void 方法

本做法的標題做了一個強烈的斷言，而這個建議有存在少量的例外（你將會在本做法中看到）。儘管如此，這個建議如此強烈的敘述是因為它是如此的重要。當你寫一個 async void 方法，就打敗了允許由 async 方法發出的例外由啟動非同步處理的方法捕捉的協定。非同步方法經由 Task 物件回報例外。當一個例外被舉發時，Task 進入錯誤的狀態。當你等待一個已有錯誤的 Task，await 演算式就發出例外。當你等待一個隨後才有錯誤的 Task，例外是在方法被排程要回復時發出。

相對的，async void 方法不能被等待。沒有辦法可以讓呼叫 async void 方法的程式碼捕捉到由 async 方法傳遞出來的例外。不要寫 async void 方法，因為對呼叫者而言錯誤是隱藏的。

在 async void 方法中的程式碼可能產生例外。那些例外必定會使某些事情發生。為 async void 方法產生的程式碼針對在 async void 方法開始時啟動的 SynchronizationContext（請見作法 27）直接發出例外。這讓使用你的程式庫的開發者更難於處理這些例外。你必須使用 AppDomain.UnhandledException 或一些類似的廣泛用途之 handler。請注意 AppDomain.UnhandledException 並不允許你由例外中回復。你可以做記錄、儲存資料，但你不能防止沒有被捕捉到的例外終止應用程式。

請參考以下的方法：

```
private static async void FireAndForget()
```

```
{
    var task = DoAsyncThings();
    await task;
    var task2 = ContinueWork();
    await task2;
}
```

如果你想要在呼叫 FireAndForget() 之前記錄錯誤，就會需要設定 unhandled exception handler。本例以藍綠色將例外資訊寫至主控台：

```
AppDomain.CurrentDomain.UnhandledException += (sender, e) =>
{
    Console.ForegroundColor = ConsoleColor.Cyan;
    Console.WriteLine(e.ExceptionObject.ToString());
};
```

不需要把主控台的 ForegroundColor 設回原來的顏色，因為應用程式隨即結束。

強迫開發者使用和他們在所有其他程式碼中不同的錯誤處理機制是一種不好的 API 設計。當然，很多開發者會忽略做此額外工作。更糟的是不給開發者由任何錯誤回復的方式。如果開發者沒做額外的工作，任何由 async void 方法產生的例外就不會被回報。執行環境依然會放棄在同步環境中的執行緒，但是使用你的程式碼的開發者會沒有得到通知，捕捉的 handlers 也不會被觸發，而且不會有例外的記錄發生。總而言之，執行緒只是靜默下來然後消失。

除了例外的行為以外，async void 方法帶來其他的問題。在許多 async 方法中，你會想要啟動非同步工作、等待工作，然後在第一件等待的工作完成後做更多的事。建立這種情況的非同步工作是很容易的。但是，如早先所說的，async void 方法無法被等待。所以使用你的 async 方法的開發者不容易決定一個 async void 方法是否已經完成他所有的工作。這代表容易進行的組合已不再可能。一個 async void 方法基本上就是一個〝射後不理〞的方法：開發者啟動非同步工作，但不知道、也不容易知道工作何時完成。

這些相同的問題使測試 async 方法過程複雜化。自動化的測試無法知道一個 async void 方法是否已結束。所以，不能寫自動化的測試檢查一個 async void 方法由開始到結束的任何效應。請為以下的方法寫一個自動化的單元測試：

```
public async void SetSessionState()
{
    var config = await ReadConfigFromNetwork();
    this.CurrentUser = config.User;
}
```

如果要寫一個測試，你可能會考慮如以下的程式碼：

```
var t = new SessionManager();
t.SetSessionState();
// 稍等一下
await Task.Delay(1000);
Assert.Equal(t.User, "TestLibrary User");
```

這裡有不好的慣用法，而且事實上，它們不是一定永遠可運作。關鍵就是 Task.Delay 呼叫。你不能很有彈性的寫這個測試，因為你不知道非同步工作何時會結束。一秒鐘可能夠，但也可能不夠。更糟的是，或許一秒鐘在大部分情況中可能是足夠的，但在少數事件中是不夠的。在這種情況下，你的測試會失敗而且會提供錯誤的回饋。

現在應該清楚 async void 方法是不好的。只要有可能，你應該建立傳回 Task 物件的 async 方法或其他可等待的物件（請見作法 34）。儘管如此，async void 方法被允許是因為沒有這些方法，你就不能建立非同步的 event handlers。

event handlers 的協定是在 C# 語言加入 async 與 await 的支援就已建立的。在協定中，event handlers 沒有傳回值的方法。縱使有改變，你仍需使用 async void 方法來附加非同步 event handler 到先前版本所定義的事件。除此之外，程式庫的作者可能不知道一個 event handler 是需要非同步的存取。在考慮所有觀點之後，C# 語言支援沒有傳回值的 async 方法。再者 event handlers 的呼叫者通常不是使用者的程式碼。如果呼叫者不知道如何使用傳回的 Task，那為什麼要回傳該物件？

雖然本做法的標題說你永遠不應該寫 async void 方法，但有一天你會毫無疑問地發現你必須寫一個 async void event handler。如果你必須如此做，你寫的非同步 event handler 應該寫得越安全越好。

要達到這個目的，由了解 async void 方法不能被等待開始。舉發事件的程式碼不會知道你的 event handler 何時結束執行。Event handlers 通常不會回傳資料給呼叫者，所以呼叫者在舉發事件時可以〝射後不理〞。

安全的處理任何潛在的例外需要更多的工作。如果任何的例外是由你的 async void 方法發出，SynchronizationContext 會被銷毀。你必須把你的 async void 方法寫成沒有任何例外會由本方法發出。這可能和其他的建議相矛盾，但這是你通常想要捕捉所有例外的慣用法。一個典型的 async void event handler 模式如下所示：

```
private async void OnCommand(object sender, RoutedEventArgs e)
{
    var viewModel = (DataContext as SampleViewModel);
    try
    {
        await viewModel.Update();
    }
    catch (Exception ex)
    {
        viewModel.Messages.Add(ex.ToString());
    }
}
```

本程式假設你覺得僅僅只是把任何例外及接續正常的運算是足夠安全的。事實上，這一類行為在許多情景中都是安全的。如果這對你的情景也是成立的，那就沒事了。

但是如果本 event handler 中可能發出些例外是災難性的情況而無法被 handler 的怎麼辦？或許它們會導致嚴重的資料毀損。在這種情況下，你可能想要立即中止程式，而不是輕率地繼續做並毀損更多的資料。想要達成這個結果，你會想要發出一個例外並令系統放棄該同步環境上的執行緒。

作為這個程序的一部分，你會想記錄一切並由 async void 方法發出一個例外。以下是早先版本的小幅修改版：

```
private async void OnCommand(object sender, RoutedEventArgs e)
{
    var viewModel = (DataContext as SampleViewModel);
    try
    {
        await viewModel.Update();
    }
    catch (Exception ex) when (logMessage(viewModel, ex))
    {
    }
}
private bool logMessage(SampleViewModel viewModel,
    Exception ex)
{
    viewModel.Messages.Add(ex.ToString());
    return false;
}
```

本方法使用例外狀況篩選條件（exception filter）（請見《*Effective C#*，第三版》作法 50）記錄例子中每一個例外的詳細資訊。然後重新發出例外導致同步環境停止作業，甚至可能也令程式停止。

這些方法可以使用一個代表在每一個方法中要執行的非同步工作之 Func 參數擴充。然後你可以重複使用這兩種慣用語法中的共同元素。

```
public static class Utilities
{
    public static async void FireAndForget(this Task,
        Action<Exception> onErrors)
    {
        try
        {
            await task;
        }
        catch (Exception ex)
        {
            onErrors(ex);
        }
    }

    public static async void FireAndForget(this Task task,
            Func<Exception, bool> onError)
```

```
    {
        try
        {
            await task;
        }
        catch (Exception ex) when (onError(ex))
        {
        }
    }
}
```

在真實的世界中，最好的解決方案可能並非永遠是捕捉所有例外或再重新發出所有例外如此簡單。在真實世界應用程式中，你可能可從某些例外回復，但有些不行。舉例來說，你可能可以由一個 FileNotFoundException 中回復，但不是其他的例外。這個行為可以用更具一般性的方式處理並重複使用，技巧是把特定的例外用一個更通用類型的例外取代：

```
public static async void FireAndForget<TException>
    (this Task task,
    Action<TException> recovery,
    Func<Exception, bool> onError)
    where TException : Exception
{
    try
    {
        await task;
    }
    // 依賴 onError() 記錄方法
    // 永遠回傳 false：
    catch (Exception ex) when (onError(ex))
    {
    }
    catch (TException ex2)
    {
        recovery(ex2);
    }
}
```

如果你喜歡，可以把相同的技巧延伸到更多的例外類型。

這些技巧協助 `async void` 方法在錯誤回復的層面而言稍稍強固些。它們在測試以及合成組合方面沒有助益。事實上，沒有好的技巧可以解決這些問題。這一點就是為什麼你該限制 `async void` 方法只用於必須寫它們的地方：在 event handlers 裡。在其他地方，永遠不要寫 `async void` 方法。

作法 29 避免結合同步與非同步方法

宣告一個有 `async` 修飾詞的方法是提示這個方法可能在完成所有工作之前就回傳。回傳的物件代表工作的狀態：完成、有錯誤或暫停。使用一個 async 方法進一步指出任何暫停中的工作可能需要較長的時間，而呼叫者在等待結果之餘最好做其他有用的事。

宣告一個同步的方法可確定在方法完成時所有的後置條件（post conditions）均已符合。不論方法花多少時間去執行，它是使用和呼叫者相同的資源去完成所有的工作。呼叫者會阻擋直到完成為止。

把這些明確的敘述混合在一起會導致不良的 API 設計並且會產生錯誤，其中包括鎖死。這些輸出的可能性導向兩條重要的規則。第一，不要建立會阻礙等待非同步工作完成的同步方法。第二，避免非同步方法在背景後觸發需執行長時間 CPU 密集的工作。

讓我們進一步探討規則一。在非同步程式碼上組合一個同步的程式碼可能導致問題有三個原因：不同的例外處理語法、可能鎖死及資源的消耗。

非同步的工作可能導致多個例外，所以 `Task` 類別中包含一個已發出的例外的清單。在你等待一個 task 時，清單中的第一個例外被發出，如果這個清單是有例外的。但是，當你呼叫 `Task.Wait()` 或存取 `Task.Result`，所包含的 `AggregateException` 因為錯誤工作的緣故被發出。你必須捕捉 `AggregateException`，並解出被發出的例外。請比較以下兩個 `try/catch` 子句：

```
public static async Task<int> ComputeUsageAsync()
{
    try
    {
        var operand = await GetLeftOperandForIndex(19);
```

```
        var operand2 = await GetRightOperandForIndex(23);
        return operand + operand2;
    }
    catch (KeyNotFoundException e)
    {
        return 0;
    }
}

public static int ComputeUsage()
{
    try
    {
        var operand = GetLeftOperandForIndex(19).Result;
        var operand2 = GetRightOperandForIndex(23).Result;
        return operand + operand2;
    }
    catch (AggregateException e)
    when (e.InnerExceptions.FirstOrDefault().GetType()
        == typeof(KeyNotFoundException))
    {
        return 0;
    }
}
```

請注意例外處理語法上的差異。其中工作被等待的版本比使用會阻擋的呼叫版本可讀性更好。等待工作的版本捕捉指定的例外類型，而會阻擋的版本捕捉的是 `AggregateException` 並必須套用一個例外狀況篩選，以確保只有在清單中第一個例外和期待的例外類型吻合時才捕捉例外。會阻擋的 API 所需要的慣用法比較複雜，而且其他開發者也更難了解。

現在我們來討論規則二，特別是在非同步程式碼之上組合同步的程式是如何導致鎖死的。請參考以下的程式碼：

```
private static async Task SimulatedWorkAsync()
{
    await Task.Delay(1000);
}

// 本方法可能導致 ASP.NET 或 GUI 環境鎖死
public static void SyncOverAsyncDeadlock()
```

```
{
    // 工作開始
    var delayTask = SimulatedWorkAsync();
    // 同步的等待延遲完成
    delayTask.Wait();
}
```

在主控台應用程式中呼叫 SyncOverAsyncDeadlock() 可正常運作，但是在 GUI 或網頁環境下會鎖死。這是因為不同類型的應用程式運用不同類型的同步環境（請見作法 31）。主控台應用程式的 SynchronizationContext 包含執行緒區集的多條執行緒，而 GUI 與 ASP.NET 環境的 SynchronizationContext 只包含一條執行緒。由 SimulatedWorkAsync() 所啟動的被等待工作不能繼續因為等待工作完成而阻擋了唯一的執行緒。在理想上，你的 API 應該可以被盡可能多類型的應用程式使用。在非同步 API 之中組合同步的程式碼違反了這個目標。與其同步的等待非同步工作完成，應在等待工作完成時進行其他的工作。

請注意在上述例子中是使用 Task.Delay 而不是 Thread.Sleep 來讓出控制權並模擬一個長時間運作的工作。這是較建議的方式，因為 Thread.Sleep 的代價是該執行緒的資源，使得整個應用程式在該時段內是閒置的。你需要保持該執行緒忙碌於做有用的事。Task.Delay 是非同步的，並且在你的模擬出長時間運作的工作時讓呼叫者組合非同步的工作。這個行為在單元測試確保你的工作非同步地完成時是很有用的（請見作法 27）。

這些規則有一個共同的例外，即不可以在主控台應用程式中以 Main() 方法來在非同步方法上組合一個同步的方法。如果 Main() 方法是非同步的，則它可以在所有工作完成前就回傳，並終結程式。所以 Main() 方法應該是同步的方法而不是非同步的方法。否則，就一路之上全是非同步的。有一個方案讓 Main() 是非同步的並處理這個情況。而且在 NuGet 的套件中有一個名為 AsyncEx 的套件支援非同步的 main 環境。

今天你的程式庫中或許有同步的 API 可以被更新為非同步的 API。但移除你的同步性 API 會是一個重大改變。我剛才已說服你不要轉換為一個非同步的 API 並且在呼叫非同步工作時導向同步方法產生阻擋。但這不代表你只能卡在同步的 API 而沒有路向前。你可以仿照同步的程式碼建立一個非同步的 API，並同時支援這兩種 API。那些在非同步工作已就緒的使用者可使用 async 方法，而其他的使用者則繼續使用同步的方法。在往後適當的時間，你可以廢止同步的方法。事實上，有些開發者已開始認為程式庫可同時支援同步的與非同步的同一方法。他們認為同步方法是舊規格的方法，而非同步的方法則是較建議的方法。

以下的觀察說明為何用一個非同步 API 包裝一個同步的、CPU 密集的操作是一個壞主意。當同一方法的同步與非同步版本都存在時，如開發者認為非同步方法是較佳選擇時，他們自然就會傾向非同步方法。當非同步方法僅僅只是一個包覆而已，你就是在誤導他們。請參考以下的兩個方法：

```
public double ComputeValue()
{
    // 做很多工作
    double finalAnswer = 0;
    for (int i = 0; i < 10_000_000; i++)
        finalAnswer += InterimCalculation(i);
    return finalAnswer;
}

public Task<double> ComputeValueAsync()
{
    return Task.Run(() => ComputeValue());
}
```

相對於在另一條執行緒非同步的運作，同步的版本允許呼叫者決定他們是否要以同步的方式去執行該 CPU 密集的工作。非同步的方法剝奪了這個選擇權。呼叫者被迫要起一條新的執行緒或者是由區集中取用一條，然後在該執行緒上執行該操作。如果這個 CPU 密集的工作是一個大型操作的一部分，它或許已經是在一條分離的執行緒上。或者說它是由一個主控台應用程式所呼叫的，使得它是在一條背景中的執行緒上運作而佔用了更多的資源。

這不是說不應該在分離的執行緒上做 CPU 密集的工作，而是 CPU 密集工作在程式劃分的層次要盡可能高些。啟動背景工作的程式碼應出現在應用程式進入點。參考主控台應用程式中的 `Main()` 方法、網頁應用程式中的 response handlers 或 GUI 應用程式中的 UI handlers：這些是應用程式中 CPU 密集工作應該被派送到其他執行緒的地方。為 CPU 密集的同步性工作在其他位置建立非同步方法只是誤導其他開發者而已。

使用非同步方法卸載工作，在你越來越常在其他非同步 API 之上組合更多的非同步方法進來時，悄悄地溜進你的系統中。其實正該如此。你會在呼叫堆疊垂直向上加入更多 async 方法。如果你是在轉換或擴充現有的程式庫，請考慮安排非同步與同步的版本在你的 API 並行運作。但只有在工作是非同步的而你正試圖把工作卸載到別的資源時才如此做。如果你加入 CPU 密集工作的非同步版本，只是在誤導你的使用者而已。

作法 30 避免執行緒配置及 Context Switches

很容易就會把非同步的工作想成是工作在不同的執行緒完成。畢竟這是非同步工作用法之一。但事實上很多時候非同步工作並不會啟動一條新的執行緒。檔案 I/O 是非同步的，但使用的是 I/O 完成埠（I/O completion ports）而不是執行緒。在這些情況中，使用 async tasks 可釋放一條執行緒來做有用的事。

當你把工作卸載到另一條執行緒時，釋出一條執行緒的代價是你建了另一條執行緒並在其上運作。只有在釋放出的執行緒是一項很稀少的資源時這才是一個聰明的設計。在一個 GUI 應用程式中，UI 執行緒是一項稀少的資源。只有一條執行緒和使用者能看見的所有視覺元素互動。但是執行區集中的執行緒既不唯一、也不稀少（雖然它們的數量有限）；因此一條執行緒和同一區集中的其他執行緒沒什麼不同。所以，你應在非 GUI 應用程式中避免 CPU 密集的 async tasks。

為了進一步探討這個問題，讓我們以 GUI 應用程式開始。當使用者由 UI 啟動一個動作，使用者會預期 UI 依然反應良好。如果 UI 執行緒要花好幾秒（或更多）來進行上一個動作，UI 的反應就不會太好。這個問題的解法是把工作卸載到另一個資源使 UI 對其它的使用者動作保持有反應。如你在作法 29 中所見，UI event handlers 是用非同步包覆同步的合成的合理使用位置之一。

現在我們改談主控台應用程式。只做一件長時間、CPU 密集工作的主控台應用程式，不會因為把工作卸載到另一條執行緒上進行而獲益。主要的執行緒會同步性地等待，而另一條工作執行緒則在忙碌。在此種情況下，你佔用了兩條執行緒去做只用一條就夠的工作。

但是，如果一個主控台應用程式中需要進行數個長時間、CPU 密集的操作，則把這些工作在分離的執行緒上運作是合理的。作法 35 將討論在數條執行緒上做 CPU 密集工作的數個選擇。

接下來我們談 ASP.NET 伺服器應用程式。這個議題在開發者之間造成許多混淆之處。在理想上，你想要保持不占用執行緒使你的應用程式可以處理較大數量的要求。這導致你會考慮在你的 ASP.NET handlers 中把 CPU 密集的工作卸載到不同執行緒的設計。

```
public async Task<IActionResult> Compose()
{
    var model = await LongRunningCPUTask();
    return View(model);
}
```

讓我們來檢查本情況下發生的細節。經由為工作開啟另一條執行緒，你由執行緒區集中配置了第二條執行緒。第一條執行緒沒有事情可做，因此可以被回收並給予更多的工作，但這會需要更多的消耗。〝把你帶回你原來所在〞的 SynchronizationContext 為這個網頁要求追蹤所有的狀態，並且在所等待的 CPU 密集工作完成後回復狀態。只有在那個時候，handler 才可以回應客戶端。

依照這個方式，你沒有釋放任何資源，但你在處理一個要求時，加入兩個 context switches。

如果你有長時間的 CPU 密集工作要做以回應網頁要求，你需要把工作卸載到另一個程序（process）或另一台機器，以釋放執行緒的資源並增加你網頁應用程式回應要求的能力。舉例來說，你可能有第二個 Web job 用以接收 CPU 密集的要求，並依次序執行它們。或者是你可以配置第二台機器做 CPU 密集的工作。

哪一個選擇是最快的和你的應用程式的特性有關：有多少流量、做 CPU 密集工作所需的時間及網路的延遲（network latency）。你必須測量這些項目以便有充分的資訊做決定。其中有一個你必須測量的構型，是在網頁應用程式中以同步的方式做所有的工作。這個策略可能比把工作卸載到相同執行緒區集的另一條執行緒與程序更快。

非同步工作看起來像魔法：你把工作卸載到另一個位置，然後在它完成後繼續你的處理。要確保這個策略的效率，你必須確定在卸載工作時，是有釋放資源而不是只在相似的資源之間 switch contexts。

作法 31 避免非必要的封送處理（Marshalling）Context

我們將可以在任何同步的背景下執行的程式碼稱為〝context-free〞的程式碼。相對的，必須在特定背景下執行的程式碼稱為〝context-aware〞的程式碼。你寫的程式碼大部分是 context-free 的程式碼。context-aware 的程式碼包括在 GUI 應用程式中與 UI 控制項互動的程式碼，與在網頁應用程式中與 `HTTPContext` 或相關類別互動的程式碼。當 context-aware 的程式碼在一個等待的工作完成後執行，它必須在正確的背景（請看作法 27）中執行。但是，所有其他的程式碼可以在預設的背景下執行。

因為只有少數幾個地方的程式碼是 context-aware 的，你可能在懷疑預設的行為是要在捕捉到的背景下執行接續工作。事實上，在不必要的情況下做 switching contexts 的後果，比在需要卻不做 switching contexts 的後果輕微。如果你在捕捉的 context 下執行 context-free 程式碼，不會發生什麼嚴重的錯誤。相反的，如果你在錯的背景下執行 context-aware 的程式碼，你的應用程式可能會損毀。因為這個緣故，不管是需要還是不需要，預設行為是在捕捉到的背景下執行接續工作。

雖然在捕捉到的背景下回復執行可能不會導致大問題，但依然可能會帶來隨著時間更趨複雜的問題。在捕捉到的背景下執行接續工作，你無法享有把一些接續工作卸載到其他執行緒的好處。在 GUI 應用程式中，這會導致 UI 反應不良。在網頁應用程式中，這可能限制住每分鐘應用程式能處理多少數量的要求。隨著時間過去，效能會下降。在 GUI 應用程式的情況下，你增加了鎖死（請見作法 39）的機會。在網頁應用程式，你無法充分使用執行緒區集。

繞過這些不期盼的結果就是使用 `ConfigureAwait()` 來指示接續工作不需要在捕捉到的背景下執行。在程式庫的程式碼中，接續工作是 context-free 的程式碼，你會如以下一般使用：

```
public static async Task<XElement> ReadPacket(string Url)
{
    var result = await DownloadAsync(Url)
        .ConfigureAwait(continueOnCapturedContext: false);
    return XElement.Parse(result);
}
```

在簡單的情況中是很容易的。你加入 ConfigureAwait() 而你的接續工作會在預設背景中執行。請參考以下的方法：

```
public static async Task<Config> ReadConfig(string Url)
{
    var result = await DownloadAsync(Url)
        .ConfigureAwait(continueOnCapturedContext: false);
    var items = XElement.Parse(result);
    var userConfig = from node in items.Descendants()
                     where node.Name == "Config"
                     select node.Value;
    var configUrl = userConfig.SingleOrDefault();
    if (configUrl != null)
    {
        result = await DownloadAsync(configUrl)
            .ConfigureAwait(continueOnCapturedContext: false);
        var config = await ParseConfig(result)
            .ConfigureAwait(continueOnCapturedContext: false);
        return config;
    }
    else
        return new Config();
}
```

你可能想說一旦到達第一個 await 演算式，接續工作會在預設的背景中執行，所以隨後的非同步呼叫就不需要 ConfigureAwait() 了。這個假設可能是錯的。如果第一個工作同步地完成怎麼辦？由作法 27 中回想起這代表工作是在捕捉到的背景下同步的接續。執行依然在原來的背景下到達下一個 await 演算式。隨後的呼叫不會在預設的背景下接續，所以所有的接續工作都在捕捉到的背景下執行。

因此，每當你呼叫一個回傳 `Task` 的非同步方法並且接續工作是 context-free 的程式碼時，應該使用 `ConfigureAwait(false)` 以預設背景接續。你的目標是區隔 context-aware 的程式碼只用於必須處理 UI 的程式碼。要知道這如何運作，請參考以下的方法：

```
private async void OnCommand(object sender, RoutedEventArgs e)
{
    var viewModel = (DataContext as SampleViewModel);
    try
    {
        var userInput = viewModel.webSite;
        var result = await DownloadAsync(userInput);
        var items = XElement.Parse(result);
        var userConfig = from node in items.Descendants()
                         where node.Name == "Config"
                         select node.Value;
        var configUrl = userConfig.SingleOrDefault();
        if (configUrl != null)
        {
            result = await DownloadAsync(configUrl);
            var config = await ParseConfig(result);
            await viewModel.Update(config);
        }
        else
            await viewModel.Update(new Config());
    }
    catch (Exception ex) when (logMessage(viewModel, ex))
    {
    }
}
```

本方法的結構安排使程式難於區隔 context-aware 的程式碼。本方法中呼叫了數個非同步的方法，其中大部分都是 context-free 的。但是本方法後段的程式碼更新 UI 控制項並且是 context-aware 的。你應該把所有的程式碼視為 context-free 的，除非程式碼是在更新使用者介面的控制項。只有更新使用者介面的程式碼是 context-aware 的。

如上面所寫的，本範例方法必須在捕捉的背景下執行所有的接續工作。一旦任何的接續工作在預設的背景下執行，就很難改回去。解決這個問題的第一步是重構程式使所有 context-aware 的程式碼是被移至一個新方法。然後，一旦重構完成，你可以把 ConfigureAwait(false) 的呼叫加到每一個方法，使非同步的接續工作是在預設背景下執行。

```
private async void OnCommand(object sender, RoutedEventArgs e)
{
    var viewModel = (DataContext as SampleViewModel);
    try
    {
        Config config = await ReadConfigAsync(viewModel);
        await viewModel.Update(config);
    }
    catch (Exception ex) when (logMessage(viewModel, ex))
    {
    }
}

private async Task<Config> ReadConfigAsync(SampleViewModel
    viewModel)
{
    var userInput = viewModel.webSite;
    var result = await DownloadAsync(userInput)
        .ConfigureAwait(continueOnCapturedContext: false);
    var items = XElement.Parse(result);
    var userConfig = from node in items.Descendants()
                     where node.Name == "Config"
                     select node.Value;
    var configUrl = userConfig.SingleOrDefault();
    var config = default(Config);
    if (configUrl != null)
    {
        result = await DownloadAsync(configUrl)
            .ConfigureAwait(continueOnCapturedContext: false);
        config = await ParseConfig(result)
            .ConfigureAwait(continueOnCapturedContext: false);
    }
    else
        config = new Config();
    return config;
}
```

如果預設是在背景下執行接續工作，事情會簡單一些。但是這個策略意味著弄錯了可能會導致毀損。以現行的策略，如果所有的接續工作都是在捕捉到的背景下執行，你的應用程式將可以運作，但是效率會稍差。你的使用者值得被更好的對待。結構化你的程式，把必須用捕捉到的背景執行的程式碼分離出來。盡可能用 ConfigureAwait(false) 以預設背景執行接續工作。

作法 32 使用 Task 物件合成非同步工作

Tasks 是你卸載到其他資源的工作之抽象化。Task 型別與相關類別及結構有豐富的 API 可供操作 tasks 與已卸載的工作。Tasks 本身也是物件，也可用它們的屬性與方法操作。它們可以被排序，或者它們可以並行地執行。你使用 await 演算式來強制施行一個次序：在 await 演算式之後的程式不會執行，直到被等待的 task 已完成。你也可以指定 tasks 只能因應其他的 task 完成時才能啟動。總結而言，tasks 的豐富 API 允許你可以對運用 tasks 及它們所代表的工作設計優雅的演算法。在如何以物件的方式使用 tasks 學得越多，你的非同步程式碼就越簡潔。

讓我們用一個啟動數個 tasks 並等待它們逐一完成的非同步方法作為開始。一個非常直覺的實作如下所示：

```
public static async Task<IEnumerable<StockResult>>
    ReadStockTicker(IEnumerable<string> symbols)
{
    var results = new List<StockResult>();
    foreach (var symbol in symbols)
    {
        var result = await ReadSymbol(symbol);
        results.Add(result);
    }
    return results;
}
```

這些 tasks 是互相獨立的，沒有道理等待每一個 task 完成才能啟動另一個。一個改變的方法是你可以啟動所有的 tasks，然後它們全部完成才做接續工作。

```
public static async Task<IEnumerable<StockResult>>
    ReadStockTicker(IEnumerable<string> symbols)
```

```
{
    var resultTasks = new List<Task<StockResult>>();
    foreach (var symbol in symbols)
    {
        resultTasks.Add(ReadSymbol(symbol));
    }
    var results = await Task.WhenAll(resultTasks);
    return results.OrderBy(s => s.Price);
}
```

如果接續工作是需要所有的 tasks 的結果才能有效的繼續進行，則這就是正確的實作。經由使用 `WhenAll`，你建立了一個新的 task。當所觀察的都已完成，這個 task 才完成。`Task.WhenAll` 回傳結果就是所有已完成（或發生錯誤）的 tasks 所成的陣列。

有時候，你可能會啟動數個不同的 tasks，這些 tasks 全都會產生相同的結果。在這種情況下你的目標是測試不同的來源，並在第一個 task 結束時接續往下工作。`Task.WhenAny()` 方法建立一個新的 task，只要是等待的 tasks 之一完成了，這個新的 task 就完成。

假設你想要從數個線上來源讀一個股票代號，並回傳第一個完成的結果。你可以使用 `WhenAny` 來決定啟動的 tasks 中哪一個是首先完成的：

```
public static async Task<StockResult>
    ReadStockTicker(string symbol, IEnumerable<string> sources)
{
    var resultTasks = new List<Task<StockResult>>();
    foreach (var source in sources)
    {
        resultTasks.Add(ReadSymbol(symbol, source));
    }
    return await Task.WhenAny(resultTasks);
}
```

有時候你想要在每一個 task 完成時執行接續工作。一個直觀的實作如下所示：

```
public static async Task<IEnumerable<StockResult>>
    ReadStockTicker(IEnumerable<string> symbols)
```

```
{
    var resultTasks = new List<Task<StockResult>>();
    var results = new List<StockResult>();
    foreach (var symbol in symbols)
    {
        resultTasks.Add(ReadSymbol(symbol));
    }
    foreach(var task in resultTasks)
    {
        var result = await task;
        results.Add(result);
    }
    return results;
}
```

無法保證 tasks 會依照你啟動它們的次序結束。這可能是一個很沒有效率的演算法：任何數量已完成的 tasks 可能卡在佇列中，等待一個需時較久的 task 進行處理。

你可以使用 `Task.WhenAny()` 來嘗試改善。實作如下所示：

```
public static async Task<IEnumerable<StockResult>>
    ReadStockTicker(IEnumerable<string> symbols)
{
    var resultTasks = new List<Task<StockResult>>();
    var results = new List<StockResult>();
    foreach (var symbol in symbols)
    {
        resultTasks.Add(ReadSymbol(symbol));
    }
    while (resultTasks.Any())
    {
            // 每次遍歷迴圈時，這會建立
            // 一個新的 task。消耗可能昂貴
        Task<StockResult> finishedTask = await
            Task.WhenAny(resultTasks);
        var result = await finishedTask;
        resultTasks.Remove(finishedTask);
        results.Add(result);
    }
    var first = await Task.WhenAny(resultTasks);
    return await first;
 }
```

如上述評論所述，這個策略不是建立你期盼的行為之良好方式。每次呼叫 Task.WhenAny() 你都在建立新的 task。隨著你需要管理的 task 數量增長，這個演算法進行越來越多的記憶體配置，因此變得越來越沒有效率。

有一個替代方案，你可以使用 TaskCompletionSource 類別。TaskCompletionSource 讓你回傳一個在隨後可用來產出結果的 Task 物件。你可以有效率的產出任何非同步方法的結果。這個策略最常見的用法是在來源 Task（或 Tasks）與目標 Task（或 Tasks）之間建立一個管道。你寫的程式碼等候來源 task，並且使用 TaskCompletionSource 更新目標 task。

在下一個例子中，我們假設你有一個來源 tasks 的陣列。你會建立一個目標 TaskCompletionSource 物件的陣列。你會使用該 task 的 TaskCompletionSource 更新其中的一個目標 task。程式碼如下：

```
public static Task<T>[] OrderByCompletion<T>(
    this IEnumerable<Task<T>> tasks)
{
    // 複製到 List 因為會被列舉數次
    var sourceTasks = tasks.ToList();

    // 配置來源，配置目標 tasks
    // 每一個目標 task 是 completion source
    // 的對應 task
    var completionSources =
        new TaskCompletionSource<T>[sourceTasks.Count];
    var outputTasks = new Task<T>[completionSources.Length];
    for (int i = 0; i < completionSources.Length; i++)
    {
        completionSources[i] = new TaskCompletionSource<T>();
        outputTasks[i] = completionSources[i].Task;
    }

    // 魔法，第 1 部分：
    // 每一個 task 都有一個接續工作把
    // 結果放置 completion sources 陣列
    // 下一個開放的位置
    int nextTaskIndex = -1;
    Action<Task<T>> continuation = completed =>
    {
```

```
        var bucket = completionSources
            [Interlocked.Increment(ref nextTaskIndex)];
        if (completed.IsCompleted)
            bucket.TrySetResult(completed.Result);
        else if (completed.IsFaulted)
            bucket.TrySetException(completed.Exception);
    };

    // 魔法，第 2 部分：
    // 為每一個 input task，設定
    // 接續工作來指定 output task
    // 在每一 task 完成時，他會使用下一個位置
    foreach (var inputTask in sourceTasks)
    {
        inputTask.ContinueWith(continuation,
            CancellationToken.None,
            TaskContinuationOptions.ExecuteSynchronously,
            TaskScheduler.Default);
    }

    return outputTasks;
}
```

這裡有許多事在進行，讓我們一段一段來看。第一，方法配置了 TaskCompletionSource 物件的陣列，然後定義每一個來源 task 完成時的接續工作程式碼。這個接續工作程式碼把下一個位置中的目標 TaskCompletionSource 物件設為完成。此處使用 InterlockedIncrement() 方法以 thread-safe 方式更新下一個位置。最後設定每一個 Task 物件在接續工作執行此程式碼。最終方法由 TaskCompletionSource 物件回傳 tasks 序列。

呼叫者現在可以列舉 tasks 清單，其中是以完成的時間排序。現在我們以一個在開始時有 10 個 tasks 的例子全程走一遍。假設 tasks 完成的次序如下：3，7，2，0，4，9，1，6，5，8。當 task 3 完成時，它的接續工作會執行，把它的 Task 結果放在目標陣列的位置 0。接下來，task 7 完成，並把結果放在位置 1。Task 2 把結果放在位置 2。這個程序繼續直到 task 8 完成，把結果放在位置 9。請見圖 3.1。

現在我們擴充程式碼以便處理以錯誤狀態結束的 tasks。唯一需要的改變是在接續工作中：

```
// 魔法，第 1 部分：
// 每一個 task 都有一個接續工作把
// 結果放至 completion sources 陣列
// 下一個開放的位置
int nextTaskIndex = -1;
Action<Task<T>> continuation = completed =>
{
    var bucket = completionSources
        [Interlocked.Increment(ref nextTaskIndex)];
    if (completed.IsCompleted)
        bucket.TrySetResult(completed.Result);
    else if (completed.IsFaulted)
        bucket.TrySetException(completed.Exception);
};
```

有相當數量的方法與 API 可用來支援有使用 tasks 的程式，並在 tasks 完成或發生錯誤時啟動動作。

使用了這些方法更容易寫出簡潔的演算法在非同步程式碼就緒時處理結果。這些可由 Task 程式庫中找到的擴充可指定 task 完成時要採取的動作。很容易讀的程式碼以很沒有效率的方式在 task 完成時進行處理。

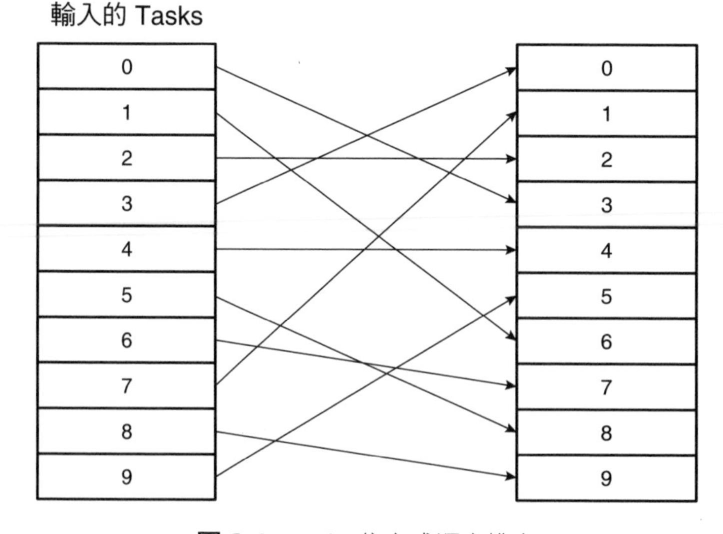

圖 3.1　Tasks 依完成順序排序

作法 33 考慮實作 Task 取消協定（Task Cancellation Protocol）

Task 非同步程式設計模型包含標準的 API 可供取消及回報進度。這些 API 是選擇性的，但當正確地實作非同步工作將可以有效的回報進度及取消時應當要實作。

不是每一個非同步 task 都可以被取消的，因為底層的機制不一定支援一個取消的協定。在這情況下，你的非同步 API 不應支援任何指出可取消 task 的多載。你不會想讓呼叫者做額外的工作來實作一個取消的協定，而實際上不會有任何效果。

在回報進度方面也是相同的。程式設計模型有支援回報進度，但 API 只有在真的可以回報進度時才實作這個協定。當無論非同步工作做了多少你都無法準確的回報時，就不要實作進度回報的多載。舉例來說，請參考一個網頁要求。你不會由網路堆疊處接收到要求的傳遞、要求的處理，或在接收回應之前的任何其他動作等在過渡時期進度更新。一旦接收到回應，task 就完成了。進度回報沒有提供任何額外的價值。

和以上所說的對比，請參考一個包含一系列共五個網頁要求的 task，向不同的服務提出要求以完成一件複雜的操作。假設你寫了一個 API 來處理薪資。其中包含以下的步驟：

1. 呼叫一個網頁服務以取得一份員工名單以及他們所回報的時數。
2. 呼叫另一個網頁服務計算及回報稅金。
3. 呼叫第三個網頁服務產生薪資明細並寄給員工。
4. 呼叫第四個網頁服務存入薪資。
5. 結束薪資結算期。

你可能合理的假設每一個服務是佔全部工作中的 20%。你可能會實作一個進度回報多載在這五個步驟中，每一個步驟完成之後回報程式的進度。再者，你可能會實作取消的 API。直到第 4 個步驟開始，這個作業程序都可以被取消。一旦錢已被支付，作業程序就不能取消。

讓我們現在來看本例中你應該支援的各個多載。首先，讓我們由最簡單的功能開始－執行薪資支付作業而沒有取消或回報程序：

```
public async Task RunPayroll(DateTime payrollPeriod)
{
    // 第 1 步：計算時數及薪資
    var payrollData = await RetrieveEmployeePayrollDataFor(
        payrollPeriod);

    // 第 2 步：計算並回報稅金
    var taxReporting = new Dictionary<EmployeePayrollData,
        TaxWithholding>();
    foreach(var employee in payrollData)
    {
        var taxWithholding = await RetrieveTaxData(employee);
        taxReporting.Add(employee, taxWithholding);
    }

    // 第 3 步：產出並 email 薪資明細文件
    var paystubs = new List<Task>();
    foreach(var payrollItem in taxReporting)
    {
        var payrollTask = GeneratePayrollDocument(
            payrollItem.Key, payrollItem.Value);
        var emailTask = payrollTask.ContinueWith(
            paystub => EmailPaystub(
                payrollItem.Key.Email, paystub.Result));
        paystubs.Add(emailTask);
    }
    await Task.WhenAll(paystubs);

    // 第 4 步：存入薪資
    var depositTasks = new List<Task>();
    foreach(var payrollItem in taxReporting)
    {
        depositTasks.Add(MakeDeposit(payrollItem.Key,
            payrollItem.Value));
    }
    await Task.WhenAll(depositTasks);

    // 第 5 步：結束薪資結算期
    await ClosePayrollPeriod(payrollPeriod);
}
```

接下來，加入支援回報作業的多載。程式碼如下：

```
public async Task RunPayroll2(DateTime payrollPeriod,
    IProgress<(int, string)> progress)
{
    progress?.Report((0, "Starting Payroll"));
    // 第 1 步：計算時數及薪資
    var payrollData = await RetrieveEmployeePayrollDataFor(
        payrollPeriod);

    progress?.Report((20, "Retrieved employees and hours"));

    // 第 2 步：計算並回報稅金
    var taxReporting = new Dictionary<EmployeePayrollData,
        TaxWithholding>();
    foreach (var employee in payrollData)
    {
        var taxWithholding = await RetrieveTaxData(employee);
        taxReporting.Add(employee, taxWithholding);
    }
    progress?.Report((40, "Calculated Withholding"));

    // 第 3 步：產出並 email 薪資明細文件
    var paystubs = new List<Task>();
    foreach (var payrollItem in taxReporting)
    {
        var payrollTask = GeneratePayrollDocument(
            payrollItem.Key, payrollItem.Value);
        var emailTask = payrollTask.ContinueWith(
            paystub => EmailPaystub(payrollItem.Key.Email,
                paystub.Result));
        paystubs.Add(emailTask);
    }
    await Task.WhenAll(paystubs);
    progress?.Report((60, "Emailed Paystubs"));

    // 第 4 步：存入薪資
    var depositTasks = new List<Task>();
    foreach (var payrollItem in taxReporting)
    {
        depositTasks.Add(MakeDeposit(payrollItem.Key,
            payrollItem.Value));
    }
```

```
    await Task.WhenAll(depositTasks);
    progress?.Report((80, "Deposited pay"));

    // 第 5 步：結束薪資結算期
    await ClosePayrollPeriod(payrollPeriod);
    progress?.Report((100, "complete"));
}
```

呼叫者應使用的語法如下：

```
public class ProgressReporter :
    IProgress<(int percent, string message)>
{
    public void Report((int percent, string message) value)
    {
        WriteLine(
            $"{value.percent} completed: {value.message}");
    }
}

await generator.RunPayroll(DateTime.Now,
    new ProgressReporter());
```

現在你已經加入了進度回報作業，讓我們來實作取消作業。以下的實作處理取消作業，但不含回報作業：

```
public async Task RunPayroll(DateTime payrollPeriod,
    CancellationToken cancellationToken)
{
    // 第 1 步：計算時數及薪資
    var payrollData = await RetrieveEmployeePayrollDataFor(
        payrollPeriod);
    cancellationToken.ThrowIfCancellationRequested();

    // 第 2 步：計算並回報稅金
    var taxReporting = new Dictionary<EmployeePayrollData,
        TaxWithholding>();
    foreach (var employee in payrollData)
    {
        var taxWithholding = await RetrieveTaxData(employee);
        taxReporting.Add(employee, taxWithholding);
    }
```

```
    cancellationToken.ThrowIfCancellationRequested();

    // 第 3 步：產出並 email 薪資明細文件
    var paystubs = new List<Task>();
    foreach (var payrollItem in taxReporting)
    {
        var payrollTask = GeneratePayrollDocument(
            payrollItem.Key, payrollItem.Value);
        var emailTask = payrollTask.ContinueWith(
            paystub => EmailPaystub(payrollItem.Key.Email,
                paystub.Result));
        paystubs.Add(emailTask);
    }
    await Task.WhenAll(paystubs);
    cancellationToken.ThrowIfCancellationRequested();

    // 第 4 步：存入薪資
    var depositTasks = new List<Task>();
    foreach (var payrollItem in taxReporting)
    {
        depositTasks.Add(MakeDeposit(payrollItem.Key,
            payrollItem.Value));
    }
    await Task.WhenAll(depositTasks);

    // 第 5 步：結束薪資結算期
    await ClosePayrollPeriod(payrollPeriod);
}
```

呼叫者存取這方法的方式如下：

```
var cts = new CancellationTokenSource();
generator.RunPayroll(DateTime.Now, cts.Token);
// 取消：
cts.Cancel();
```

呼叫者使用 `CancellationTokenSource` 要求取消作業。就像你在作法 32 中看見的 `TaskCompletionSource` 一樣，本類別為要求取消作業的程式碼與支援取銷作業的程式碼之間的中介。

另外，請注意語法是由發出例外 TaskCancelledException 來指出工作並沒有完成以回報取消作業。被取消的 tasks 被視為是錯誤的 tasks。因此你永遠不應該以 async void 方法（請見作法 28）來支援取消作業。如果你這麼做，被取消的 task 會呼叫未被處理的（unhandled）exception handler。

最後，我們把以上所說合併為一個實作：

```
public Task RunPayroll(DateTime payrollPeriod) =>
    RunPayroll(payrollPeriod, new CancellationToken(), null);

public Task RunPayroll(DateTime payrollPeriod,
    CancellationToken cancellationToken) =>
    RunPayroll(payrollPeriod, cancellationToken, null);

public Task RunPayroll(DateTime payrollPeriod,
    IProgress<(int, string)> progress) =>
    RunPayroll(payrollPeriod, new CancellationToken(),
        progress);

public async Task RunPayroll(DateTime payrollPeriod,
    CancellationToken cancellationToken,
    IProgress<(int, string)> progress)
{
    progress?.Report((0, "Starting Payroll"));
    // 第 1 步：計算時數及薪資
    var payrollData = await RetrieveEmployeePayrollDataFor(
        payrollPeriod);
    cancellationToken.ThrowIfCancellationRequested();
    progress?.Report((20, "Retrieved employees and hours"));

    // 第 2 步：計算並回報稅金
    var taxReporting = new Dictionary<EmployeePayrollData,
        TaxWithholding>();
    foreach (var employee in payrollData)
    {
        var taxWithholding = await RetrieveTaxData(employee);
        taxReporting.Add(employee, taxWithholding);
    }
    cancellationToken.ThrowIfCancellationRequested();
    progress?.Report((40, "Calculated Withholding"));

    // 第 3 步：產出並 email 薪資明細文件
```

```
    var paystubs = new List<Task>();
    foreach (var payrollItem in taxReporting)
    {
        var payrollTask = GeneratePayrollDocument(
            payrollItem.Key, payrollItem.Value);
        var emailTask = payrollTask.ContinueWith(
            paystub => EmailPaystub(payrollItem.Key.Email,
                paystub.Result));
        paystubs.Add(emailTask);
    }
    await Task.WhenAll(paystubs);
    cancellationToken.ThrowIfCancellationRequested();
    progress?.Report((60, "Emailed Paystubs"));

    // 第 4 步：存入薪資
    var depositTasks = new List<Task>();
    foreach (var payrollItem in taxReporting)
    {
        depositTasks.Add(MakeDeposit(payrollItem.Key,
            payrollItem.Value));
    }
    await Task.WhenAll(depositTasks);
    progress?.Report((80, "Deposited pay"));

    // 第 5 步：結束薪資結算期
    await ClosePayrollPeriod(payrollPeriod);
    cancellationToken.ThrowIfCancellationRequested();
    progress?.Report((100, "complete"));
}
```

請注意，所有共同的程式碼被建構在單一的方法內。只有在被要求時，才會做進度回報。Cancellation token 在所有不支援取消作業的多載中也有被建立，但是這些多載不會要求取消作業。

你可以發現 task 的非同步程式設計模型支援一組豐富的字彙來啟動、取消、監控非同步的作業。這些協定使你能設計可代表底層非同步工作的功能之非同步 API。在你能有效的支援一個或全部這些選擇性的協定時，才能支援它們的功能。如果不能，就不要實作它們以免誤導呼叫者。

作法 34　緩衝擴充的非同步回傳值

每一個討論 task 非同步程式設計模型的做法都使用 Task 或 Task<T> 型別作為非同步程式碼的回傳值。它們是你用做非同步工作回傳型別的選擇中最常見的型別。但是有時候 Task 型別會在你的程式碼中造成效能瓶頸。如果你是在 tight loop 或 hot code paths 中做非同步的呼叫，你的非同步方法配置及使用的 Task 類別可能是昂貴的。C# 7 語言並不強迫你使用 Task 或 Task<T> 型別作為非同步程式碼的回傳值，但是卻未要求具有 async 修飾詞的方法回傳的型別必須依據 Awaiter 模式。它必須有一個傳回支援 INotifyCompletion 及 ICriticalNotifyCompletion 介面物件的 GetAwaiter() 方法供存取之用。這個可取用的 GetAwaiter() 方法可由擴充方法提供。

最新的 .NET Framework 版本包含一個新的 ValueTask<T> 型別，可能用起來更有效率。這個型別是一個實值型別，所以它不需要額外的配置－這是一個可減少收集壓力的因子。ValueTask<T> 型別最適合用在非同步方法截取被緩衝儲存結果的用法中。

舉例來說，請參考下方檢查氣象資料的方法：

```
public async Task<IEnumerable<WeatherData>>
    RetrieveHistoricalData(DateTime start, DateTime end)
{
         var observationDate = this.startDate;
         var results = new List<WeatherData>();
         while (observationDate < this.endDate)
    {
        var observation = await RetrieveObservationData(
            observationDate);
        results.Add(observation);
        observationDate += TimeSpan.FromDays(1);
    }
    return results;
}
```

如實作所示，每次本方法被呼叫時它都會呼叫網路。如果本方法是每分鐘顯示簡略狀態的手機 app 中的一部分，app 的運作會很沒有效率－氣象資料的改變沒有這麼快。你決定要把結果緩衝儲存 5 分鐘。使用 Task，實作會如下所示：

```
private List<WeatherData> recentObservations =
    new List<WeatherData>();
private DateTime lastReading;
public async Task<IEnumerable<WeatherData>>
    RetrieveHistoricalData()
{
    if (DateTime.Now - lastReading > TimeSpan.FromMinutes(5))
    {
        recentObservations = new List<WeatherData>();
        var observationDate = this.startDate;
        while (observationDate < this.endDate)
        {
            var observation = await RetrieveObservationData(
                observationDate);
            recentObservations.Add(observation);
            observationDate += TimeSpan.FromDays(1);
        }
        lastReading = DateTime.Now;
    }
    return recentObservations;
}
```

在很多情形中，這個改變或許足以改善效能。在這段程式碼，網路的延遲是效能最大瓶頸所在。

但是現在假設這個 app 是在記憶體限制比較嚴重的環境中執行。在此情況下，你想要避免每次呼叫方法時的物件配置。這就是你該改用 ValueTask 型別的時機。實作如下所示：

```
public ValueTask<IEnumerable<WeatherData>>
    RetrieveHistoricalData()
{
    if (DateTime.Now - lastReading > TimeSpan.FromMinutes(5))
    {
        return new ValueTask<IEnumerable<WeatherData>>
            (recentObservations);
    }
    else
```

```
    {
        async Task<IEnumerable<WeatherData>> loadCache()
        {
            recentObservations = new List<WeatherData>();
            var observationDate = this.startDate;
            while (observationDate < this.endDate)
            {
                var observation = await
                    RetrieveObservationData(observationDate);
                recentObservations.Add(observation);
                observationDate += TimeSpan.FromDays(1);
            }
            lastReading = DateTime.Now;
            return recentObservations;
        }
        return new ValueTask<IEnumerable<WeatherData>>
            (loadCache());
    }
}
```

這個方法中含有當你採用 ValueTask 時應該使用的數個慣用法。第一，方法並不是一個 async 方法而是回傳一個 ValueTask。其中被包覆、進行非同步工作的方法使用了 async 修飾詞。這代表如果所緩衝儲存的是有效的，你的程式就不需要做額外的狀態機管理及配置。第二，請注意 ValueTask 有一個以 Task 作為引數的建構函式。它會在內部做等待的工作。

ValueTask 型別在你的效能指數顯示 Task 物件的記憶體配置在你的程式碼中造成瓶頸時，讓你可做最佳化的實作。你可能在大部分的非同步方法中依然使用 Task 型別。事實上，我建議在所有的非同步方法中使用 Task 及 Task<T>，直到你測量到並發現記憶體配置是一個瓶頸。轉換為使用 ValueTask 並不難，並且在你發現改變將可修正效能上的問題時實作。

平行處理　4

設計平行的演算法和設計同步的演算法是不相同的。在處理 CPU 密集的平行程式碼時面臨的挑戰是不同的，工具也是不同的。雖然，task 非同步程式設計模型可以和平行 CPU 演算法一起使用，但是常常有更好的其他選擇。

本章涵蓋許多可用的不同程式庫及工具來使平行處理程式設計更容易。這工作依然是不容易，但正確的使用較佳的工具可使工作比從前容易。

作法 35　學習 PLINQ 如何實作平行演算法

在本做法中，我希望我可以說現在平行程式設計是和把 `AsParallel()` 加到你所有迴圈中一樣簡單。事實不是如此，但 PLINQ 的確使得在你的程式中使用多核心比較容易而程式依然是正確的。建立使用多核心的程式一點都不容易，但 PLINQ 使得這過程容易些。

你依然需要了解資料何時需要被同步。你依然需要測量 `ParallelEnumerable` 中宣告的平行與序列式版本的效果。有些涉及 LINQ 查詢的方法很容易可以平行執行。其他的則會強迫使用更為序列式的方式存取序列中的元素－或，至少是需要用整個序列（如 `OrderBy`）。

讓我們先看過幾個使用 PLINQ 的例子，並且了解什麼可以良好運作以及缺陷是在哪些地方。本作法所有的例子及討論都使用 LINQ to Objects。名稱為 `ParallelEnumerable` 的類別，甚至專門針對〝Enumerable〞作為焦點，而不是〝Queryable〞。PLINQ 真的不會幫你平行化 LINQ to SQL 或 Entity

Framework 的演算法。這不是一個受限制的功能，因為這些實作需要平行化的資料庫引擎來做平行的查詢。

這是一個使用方法呼叫語法（method call syntax）的簡單查詢，在一個大的整數集合資料來源中，為小於 150 的值計算 *n!*：

```
var nums = data.Where(m => m < 150).
    Select(n => Factorial(n));
```

你可以在查詢加入 AsParallel() 作為第一個方法使查詢成為一個平行化查詢：

```
var numsParallel = data.AsParallel().
    Where(m => m < 150).Select(n => Factorial(n));
```

當然，你也可能用以下的查詢語法做相同的工作：

```
var nums = from n in data
           where n < 150
           select Factorial(n);
```

在資料序列上套用 AsParallel() 的平行化版本如下：

```
var numsParallel = from n in data.AsParallel()
                   where n < 150
                   select Factorial(n);
```

結果和方法呼叫的版本是相同的。

第一個例子很簡單，但解說了 PLINQ 中到處都在使用的幾個重要觀念。把任何查詢表示式進行平行化執行的辦法，是呼叫 AsParallel() 方法。一旦你呼叫了 AsParallel()，隨後的運算會發生在數個核心上，使用數條執行緒。AsParallel() 傳回一個 IParallelEnumerable() 而不是一個 IEnumerable()。PLINQ 是被實作為 IParallelEnumerable() 之上的一組擴充方法。這些擴充方法和 Enumerable 類別擴充 IEnumerable 的方法簽章幾乎完全相同。僅僅只是在引數及回傳值上用 IParallelEnumerable() 替換 IEnumerable。這個策略的好處是 PLINQ 依循的模式和 LINQ 提供者的相同，使得 PLINQ 非常容易學習。你對 LINQ 所知的一切，一般而言，可用於 PLINQ 中。

當然，事情沒有如此簡單。這剛開始的一個查詢非常容易和 PLINQ 一起使用：查詢沒有任何分享的資料，而且結果的排序也不重要。這些特徵代表處理速度的增加是和執行程式碼的機器之核心數成正比。為了協助你由 PLINQ 取得最佳效能，有數個方法是在控制如何使用 `IParallelEnumerable()` 取用平行化 task 程式庫中的函式。

每一個平行化查詢都是以一個資料分割（partitioning）的步驟開始。PLINQ 需要把輸入的元素進行分割並且分派給建立的數個 task 來進行查詢。分割是 PLINQ 最重要的層面之一，對了解不同策略的差異何在、PLINQ 如何決定用哪一個策略，以及每一個策略如何運作有基本重要性。

第一個考量是分割不能花太多時間。這會導致 PLINQ 程式庫花太多時間進行分割，而花太少時間實際進行處理你的資料。PLINQ，依照輸入來源以及你建立的查詢型態，可採用四種不同的分割演算法：

- 定界分割（Range partitioning）
- 區塊分割（Chunk partitioning）
- Striped 分割（Striped partitioning）
- Hash 分割（Hash partitioning）

最簡單的演算法是定界分割，把輸入序列分攤給數個 task，每個 task 付予一組項目。舉例來說，一個有 1000 個項目的輸入序列在一台有四核心的機器上運行會產生四個範圍（ranges），每個範圍有 250 個項目。定界分割是只有在查詢的來源支援序列索引（indexing）的使用並且可回報序列中項目數量時才能使用。這代表定界分割只侷限用於查詢來源如 `List<T>`、陣列及其他支援 `IList<T>` 介面的序列。當查詢的來源支援這些操作時通常是使用定界分割。

區塊分割演算法於每當 task 需要做較多工作時給每一個 task 一個輸入項目的〝區塊〞。區塊分割演算法隨著時間將持續更改，所以我不會詳細介紹目前的實作。你可以預期在剛開始時區塊的大小都是小的，因為輸入序列本身可能是小的。這可以防止一個 task 必須處理整個小型序列的情況。你也可以預期隨著工作的繼續，區塊的大小會逐漸增加。這可以減少執行緒方面的負載，同時有助於輸出的最大化。區塊的大小可以視查詢中委派的時間消耗以及 where 子句排除的元素多寡而改變。目標是讓所有的 task 差不多同時完成，以最大化整體輸出。

另外的兩種分割的方式是針對某些查詢運算做最佳化。Striped 分割是一種特殊的定界分割，針對一個序列中啟始元素的處理做最佳化。每一條工作執行緒處理項目的方式是跳過 N 個項目，然後處理下 M 個項目。在處理完 M 個項目之後，工作執行緒會再度跳過 N 個項目。最容易了解 Striped 演算法的方式是，想像每一個 stripe 只有一個項目。以 4 個工作 tasks 的情況來看，一個 task 取得索引是 0、4、8、12 等的項目，以此類推。第二個 task 取得索引是 1、5、9、13 等的項目，以此類推。Striped 分割避免為整個查詢做任何實作 TakeWhile() 與 SkipWhile() 的跨執行緒同步作業。而且這個方式可以讓工作執行緒只使用簡單的算術即可移向下一組該被處理的項目。

Hash 分割是具特殊目標的演算法，針對具有 Join、GroupJoin、GroupBy、Distinct、Except、Union 與 Intersect 等運算的查詢設計。這些是花費較昂貴的運算，而一個較有針對性的分割演算法可以允許對這些查詢做較大程度的平行化。Hash 分割確保所有產出相同雜湊碼的項目是由相同的 task 處理，因而可最小化這些運算之間跨 task 的通訊。

除了分割演算法之外，PLINQ 使用三種不同的演算法來平行化程式碼中的 task：管道（pipelining）、停止並進行（stop and go）與反向列舉（inverted enumeration）。管道是預設的，所以我們首先來探討它。

在管道中，一條執行緒負責列舉（foreach 區塊或查詢序列）。多條執行緒被用來處理序列中每一個元素的查詢。當序列中一個新的元素被要求時，該元素就會由一條不同的執行緒處理。在管道模式中 PLINQ 使用的執行緒數目通常就是核心數（對大部分 CPU 密集查詢而言）。在計算階乘的例子中，會在一台二核心的機器上使用兩條執行緒。第一個項目會由一條執行緒自序列中取得並進行處理。緊隨其後的二條執行緒會要求取得第二個項目並進行處理。然後，當這兩個項目其中之一完成時，該條執行緒會要求的三個項目並處理查詢演算式。在整個序列的查詢執行期，兩條執行緒都會忙碌於查詢項目。在一台有更多核心的機器上，會有更多項目被平行的處理。

舉例來說，在一台 16 核心的機器上，前 16 個項目會由 16 條不同的執行緒（理應在 16 個不同核心上執行）立即進行處理。請注意，我把解釋簡化了一些。在真實情況中，有一條執行緒負責列舉，代表通常管道演算法會建立（核心數 +1）條執行緒。在大部分情況中，列舉的執行緒大部分的時候都在等待，所以建立一條額外的執行緒做這個用途是合理的。

至於停止並進行演算法，開始做列舉的執行緒參與其他所有執行緒執行查詢演算式。這個方法的使用時機是當你使用 `ToList()` 或 `ToArray()` 要求查詢立即執行或當 PLINQ 在做如排序與搜尋等運算前需要完整的結果集合時。以下的兩個查詢都使用停止並進行演算法：

```
var stopAndGoArray = (from n in data.AsParallel()
                      where n < 150
                      select Factorial(n)).ToArray();

var stopAndGoList = (from n in data.AsParallel()
                     where n < 150
                     select Factorial(n)).ToList();
```

使用停止並進行程序，你可以用較高記憶體消耗的代價，達成稍好的效能。在前述例子中，整個查詢是在執行任何查詢演算式之前建構。而不是使用停止並進行演算法處理每一部分，然後使用另一個查詢合成最終的結果。後者常會導致執行緒的負荷蓋過任何效能上的獲益。把整個查詢演算式視為一個合成的運算處理幾乎永遠是較佳的選擇。

最後一個平行化 task 程式庫使用的演算法是反向列舉。反向列舉並不會產出一個結果，而是把每一個查詢演算式的結果做某些動作。先前的例子將階乘運算的結果列印到主控台：

```
var numsParallel = from n in data.AsParallel()
                   where n < 150
                   select Factorial(n);
foreach (var item in numsParallel)
    Console.WriteLine(item);
```

LINQ to Objects（非平行化）查詢都是採延後執行。這也就是說每一個值都是在被要求時才被產出。你可以在處理查詢結果時選擇進入平行的執行模式（有一點不相同）。這就是你要求反向列舉模式的方法：

```
var nums2 = from n in data.AsParallel()
            where n < 150
            select Factorial(n);
nums2.ForAll(item => Console.WriteLine(item));
```

反向列舉比停止並進行方法用的記憶體少。再者，它是在結果啟動平行化的動作。請注意，如你想要使用 `ForAll()`，依然必須在你的查詢中使用 `AsParallel()`。`ForAll()` 比停止並進行模式有較小的記憶體需求。在一些情況下，依查詢演算式結果中由動作所要進行的工作量多寡而定，反向列舉往往是執行最快的列舉方法。

所有的 LINQ 查詢都是採延後執行。你建立查詢，而這些查詢只有在你要求查詢產出的項目時查詢才會被執行。LINQ to Objects 更進一步：它在你要求每一項目時才執行查詢該項目。PLINQ 運作的方式不同。它的運作方式比較接近 LINQ to SQL 或 Entity Framework。在這些模型中，當你要求第一個項目時，整個結果序列才被產出。PLINQ 比較接近這些模式，但它們也不是完全對。如果你誤會了 PLINQ 如何執行查詢，則會用比需要的更多的資源，而且你實際上可以使平行化的查詢比在多核心的機器上執行 LINQ to Objects 還慢。

為了示範其中的一些差異，讓我們來看一個相當簡單的查詢，然後看加入 `AsParallel()` 後如何改變執行模式。兩個模式都是正確的，而且兩者都會產出完全相同的結果。LINQ 的規劃著眼於結果是*什麼*，而不是結果是*如何*產生的。只有當你的演算法在查詢子句中有副作用時，如何產生的差異性才會浮現。

以下是我們用來示範差異性的查詢：

```
var answers = from n in Enumerable.Range(0, 300)
              where n.SomeTest()
              select n.SomeProjection();
```

讓我們調配 `SomeTest()` 與 `SomeProjection()` 方法以便顯示何者被呼叫：

```
public static bool SomeTest(this int inputValue)
{
    Console.WriteLine($"testing element: {inputValue}");
    return inputValue % 10 == 0;
```

```
}

public static string SomeProjection(this int input)
{
    Console.WriteLine($"projecting an element: {input}");
    return $"Delivered {input} at {DateTime.Now:T}";
}
```

最後，與其使用一個簡單的 foreach 迴圈，我們使用 IEnumerator<string> 成員列舉結果以便你可以看到差異性何時發生。現在你可以更精確地看到序列是如何被產出（平行的）與列舉的（在本列舉迴圈中）。（如在上線的程式碼中，我傾向使用不同的實作。）

```
var iter = answers.GetEnumerator();

Console.WriteLine("About to start iterating");
while (iter.MoveNext())
{
    Console.WriteLine("called MoveNext");
    Console.WriteLine(iter.Current);
}
```

如使用標準的 LINQ to Objects 實作，你會看到輸出結果如下所示：

```
About to start iterating
testing element: 0
projecting an element: 0
called MoveNext
Delivered 0 at 1:46:08 PM
testing element: 1
testing element: 2
testing element: 3
testing element: 4
testing element: 5
testing element: 6
testing element: 7
testing element: 8
testing element: 9
testing element: 10
projecting an element: 10
called MoveNext
```

```
Delivered 10 at 1:46:08 PM
testing element: 11
testing element: 12
testing element: 13
testing element: 14
testing element: 15
testing element: 16
testing element: 17
testing element: 18
testing element: 19
testing element: 20
projecting an element: 20
called MoveNext
Delivered 20 at 1:46:08 PM
testing element: 21
testing element: 22
testing element: 23
testing element: 24
testing element: 25
testing element: 26
testing element: 27
testing element: 28
testing element: 29
testing element: 30
projecting an element: 30
```

查詢直到第一次呼叫列舉器（enumerator）上的 `MoveNext()` 才開始執行。第一次呼叫 `MoveNext()` 時是在足夠的元素上執行查詢，以取得結果序列（在本查詢中只是一個元素）的第一個元素。下一個 `MoveNext()` 的呼叫處理輸入序列中的元素直到輸出序列的下一個項目已被產出。使用 LINQ to Objects，每一個 `MoveNext()` 的呼叫都會用足以產出下一個輸出元素的輸入元素個數來執行查詢。

一旦你把查詢改為平行查詢，規則就改了：

```
var answers = from n in ParallelEnumerable.Range(0, 300)
              where n.SomeTest()
              select n.SomeProjection();
```

本查詢的輸出看起來很不一樣。以下是由一次執行所產生的樣本（每一次執行都會有些許改變）：

```
About to start iterating
testing element: 150
projecting an element: 150
testing element: 0
testing element: 151
projecting an element: 0
testing element: 1
testing element: 2
testing element: 3
testing element: 4
testing element: 5
testing element: 6
testing element: 7
testing element: 8
testing element: 9
testing element: 10
projecting an element: 10
testing element: 11
testing element: 12
testing element: 13
testing element: 14
testing element: 15
testing element: 16
testing element: 17
testing element: 18
testing element: 19
testing element: 152
testing element: 153
testing element: 154
testing element: 155
testing element: 156
testing element: 157
testing element: 20
... 此處省略許多 ...
testing element: 286
testing element: 287
testing element: 288
testing element: 289
testing element: 290
```

```
Delivered 130 at 1:50:39 PM
called MoveNext
Delivered 140 at 1:50:39 PM
projecting an element: 290
testing element: 291
testing element: 292
testing element: 293
testing element: 294
testing element: 295
testing element: 296
testing element: 297
testing element: 298
testing element: 299
called MoveNext
Delivered 150 at 1:50:39 PM
called MoveNext
Delivered 160 at 1:50:39 PM
called MoveNext
Delivered 170 at 1:50:39 PM
called MoveNext
Delivered 180 at 1:50:39 PM
called MoveNext
Delivered 190 at 1:50:39 PM
called MoveNext
Delivered 200 at 1:50:39 PM
called MoveNext
Delivered 210 at 1:50:39 PM
called MoveNext
Delivered 220 at 1:50:39 PM
called MoveNext
Delivered 230 at 1:50:39 PM
called MoveNext
Delivered 240 at 1:50:39 PM
called MoveNext
Delivered 250 at 1:50:39 PM
called MoveNext
Delivered 260 at 1:50:39 PM
called MoveNext
Delivered 270 at 1:50:39 PM
called MoveNext
Delivered 280 at 1:50:39 PM
called MoveNext
Delivered 290 at 1:50:39 PM
```

請注意輸出是如何改變的。第一個對 MoveNext() 的呼叫導致 PLINQ 啟動所有參與產出結果的執行緒。這導致不少（在本結果中，是幾乎所有的）的結果物件被產出。隨後對 MoveNext() 的呼叫將會由已產出的項目中抓取下一個項目。你無法預料某一個項目何時會被產出－你只知道查詢在你要求查詢中的第一個項目隨即開始執行在數條執行緒上。

PLINQ 支援查詢語法的方法了解這個行為可能影響查詢的效能。假設你修改查詢，使用 Skip() 與 Take() 以便查詢結果的第二頁：

```
var answers = (from n in ParallelEnumerable.Range(0, 300)
                where n.SomeTest()
                select n.SomeProjection()).
                Skip(20).Take(20);
```

執行查詢產出的結果和 LINQ to Objects 產出的相同。這是因為 PLINQ 知道產出只有 20 個元素比 300 個元素快。（我正在簡化這裡所發生事情的說明，但 PLINQ 在 Skip() 與 Take() 的實作的確是較為傾向序列式的演算法高於其他演算法）。

你可以進一步調整查詢，令 PLINQ 使用平行化執行模式產出所有的元素。以下只加入一個 orderby 的子句：

```
var answers = (from n in ParallelEnumerable.Range(0, 300)
                where n.SomeTest()
                orderby n.ToString().Length
                select n.SomeProjection()).
                Skip(20).Take(20);
```

orderby 的 lambda 參數不能是編譯器可以立即最佳化的選擇（這就是為什麼我在本範例程式碼中使用 n.ToString().Length 而不是只用 *n* －以提防其中有最佳化是和 Enumerable.Range 有關）。現在查詢引擎在適當的進行排序之前必須先行產出輸出序列的所有元素。只有在元素已被適當的排序之後 Skip() 與 Take() 方法才能知道該回傳哪些元素。當然在多核心的機器上使用多執行緒來產出所有的輸出序列較快。PLINQ 也知道這一點，所以啟動了多條執行緒來產出輸出。

PLINQ 嘗試為你寫的查詢建立最佳的實作，以便能以最少的工作、用最少的時間產出你需要的結果。這表示有時候 PLINQ 查詢是以和你所預期不同的方式執行。有時候它的行為比較像 LINQ to Objects，當要求輸出序列中的下一個項目時才會執行產生該項目的程式碼。有時候它的行為比較像 LINQ to SQL 或 Entity Framework，在要求第一個項目時會產出所有的項目。有時候它會像兩者的混合。你應該確保你的 LINQ 查詢不會帶來任何副作用。LINQ 查詢的副作用是循序執行的查詢中的錯誤，以及更嚴重的 PLINQ 執行模式方面的錯誤。你應該小心建構你的查詢以確定有善用底層的技術。這需要你能了解這些技術如何運作的差異。

平行化的演算法受 Amdahl 定律的限制：使用多處理器執行的程式在速度上的提升是受限於程式序列化的比例。ParallelEnumerable 中的擴充方法也不能例外於這個規則。這些方法中，許多都能平行的運作，但其中有些本質上的關係會影響平行化的程度。顯然的，OrderBy 與 ThenBy 需要在 tasks 之間進行一些協調。Skip、SkipWhile、Take 與 TakeWhile 會影響平行化的程度。在不同的核心上運行的平行化 tasks 可能用不同的順序完成。你可以使用 AsOrdered() 與 AsUnordered() 方法來指示 PLINQ 是否將結果序列中的項目進行排序。

有時候你自己的演算法可能和副作用有關，因此不能被平行化。你可以使用 ParallelEnumerable.AsSequential() 擴充方法把一個平行化的序列解釋為一個 IEnumerable 並強迫做序列式的執行。

最後 ParallelEnumerable 包含你可用來控制 PLINQ 執行平行查詢的方法。你可以使用 WithExecutionMode() 來建議平行化執行的模式，縱使那是代表一個較高負荷的選擇。依照預設，PLINQ 會為它認為平行化可改善效能的建構進行平行處理。你可以使用 WithDegreeOfParallelism() 來建議可用在你的演算法中的執行緒數目。否則 PLINQ 可能會依照目前機器的處理器數目配置執行緒。

你同時也可使用 WithMergeOptions() 要 PLINQ 改變在查詢時緩衝結果的控制。通常 PLINQ 在提供結果給消費者（consumer）執行緒之前，將會緩衝來自每一條執行緒的一些結果。你可以要求不做任何緩衝使結果立即可取用。或者你可以要求完全的緩衝使效能提高，但代價是較高的延遲性。預設的自動緩衝提供了延遲與效能之間的平衡。請注意緩衝僅僅是一種提示而不是一項要求－ PLINQ 可能忽略你的要求。

哪些設定對你的情況是最適合的和你的演算法有關。在不同的目標機器上實驗更改設定，看看對你的演算法是否有幫助。如果你沒有數台目標機器可用，我會建議採用預設值。

PLINQ 使平行計算比從前更容易。現在是這些新增的重要時刻，因為桌上型電腦及筆記型電腦擁有大量的核心是常見的，所以平行計算就更是重要。但平行計算依然是不容易的，而設計不良的演算法可能不會看到平行化帶來效能上的改進。你的任務就是尋找可以平行化的迴圈與工作。測試你演算法的平行化版本、測量結果，在演算法上下功夫以獲得更佳的效能。要了解一些演算法是不容易平行化的，那就讓它們保持序列式的運作。

作法 36 建構有考慮例外情況的平行演算法

作法 35 很樂觀地忽略任何子執行緒在工作時會有錯誤的可能性。那顯然不是真實世界運作的方式。例外會在你的子執行緒中發生，並且要由你來收拾殘局。當然，在背景的執行緒中發生的例外以多種方式增加了事情的複雜度。例外不可能在堆疊中繼續向上越過執行緒的邊界。反而，如果例外到達執行緒的 start 方法，該執行緒會被終結掉。做出呼叫的執行緒無法取得錯誤或做任何處置。再者，如果你的平行演算法在發生問題時必須支援 rollback 功能，你會需要做更多的工作來了解發生了哪些副作用，並且需要採取哪些動作才能由錯誤中回復。每一個演算法都有不同的需求，所以在平行處理中例外處理是統一的答案。這裡所提供的指導原則也僅止於此：這指導員則是你可用來為你的特定應用程式決定最佳的策略。

讓我們由作法 31 的非同步下載方法開始。該方法是一個很簡單的策略，其中沒有副作用，縱使有一個下載失敗由所有其他網頁主機的下載可以繼續進行。平行運算使用 `AggregateException` 型別處理平行運算中的例外。`AggregateException` 是一個容器，以 `InnerExceptions` 屬性儲存任何平行運行產生的所有例外。在這個過程中有數個不同方式處理例外。首先，我們探討較一般的情況－處理在外部處理過程中子工作產生的例外。

作法 31 中顯示的 `RunAsync()` 方法使用超過一個平行運算。結果是在 `InnerExceptions` 集合中你可能有 `AggregateException`，而 `InnerExceptions` 集合本身是你實際捕捉的 `AggregateException` 之一部

分。你有越多的平行運算，就有可能有越深的巢狀關係。由於平行運算合成的方式，你最後可能有多份原來的例外在最終的例外集合中。在以下的例子中，修改了對 RunAsync( ) 的呼叫來處理可能的錯誤。

```
try
{
    urls.RunAsync(
        url => startDownload(url),
        task => finishDownload(
            task.AsyncState.ToString(), task.Result));
}
catch (AggregateException problems)
{
    ReportAggregateError(problems);
}

private static void ReportAggregateError(
    AggregateException aggregate)
{
    foreach (var exception in aggregate.InnerExceptions)
        if (exception is AggregateException agEx)
            ReportAggregateError(agEx);
        else
            Console.WriteLine(exception.Message);
}
```

ReportAggregateError 方法列出所有本身不是 AggregateExceptions 的例外訊息。當然，這有一個不好的副作用就是吞沒了所有的例外。這是相當危險的。與其如此，你應該做的是只處理那些你能回復的例外，然後重新發出其餘的例外。

這裡有足夠多的遞迴集合，因此需要一個工具方法是合理的。泛型方法必須知道哪一種例外型別是你想處理的，並且哪一種不是預期的，以及你會如何處理前者。你需要傳給這個方法一組例外的型別以及處理例外的程式碼－這只是一個型別的 dictionary 與 Action<T> lambda 演算式。如果 handler 沒有處理 InnerExceptions 集合中的所有東西，那顯然就有問題了。這代表是時候該重新發出原來的例外。呼叫 RunAsync 的程式碼更新如下：

```
try
{
    urls.RunAsync(
        url => startDownload(url),
        task => finishDownload(task.AsyncState.ToString(),
        task.Result));
}
catch (AggregateException problems)
{
    var handlers = new Dictionary<Type, Action<Exception>>();
    handlers.Add(typeof(WebException),
        ex => Console.WriteLine(ex.Message));

    if (!HandleAggregateError(problems, handlers))
        throw;
}
```

`HandleAggregateError` 方法遞迴的看每一個例外。如果例外是預期的，就會呼叫 handler。否則 `HandleAggregateError` 傳回 false，表示這一組匯總的例外無法被正確的處理：

```
private static bool HandleAggregateError(
    AggregateException aggregate,
    Dictionary<Type, Action<Exception>> exceptionHandlers)
{
    foreach (var exception in aggregate.InnerExceptions)
    {
        if (exception is AggregateException agEx)
        {
            if (!HandleAggregateError(agEx, exceptionHandlers))
            {
                return false;
            } else
            {
                continue;
            }
        }
        else if (exceptionHandlers.ContainsKey(
            exception.GetType()))
        {
            exceptionHandlers[exception.GetType()](exception);
        }
```

```
        else
            return false;
    }
    return true;
}
```

當這程式碼遇到 HandleAggregateError 時，它會遞迴的評估該子清單。當遇到其他類的例外時，它會在 dictionary 中尋找該例外。如果有註冊一個 Action<> handler，就會呼叫該 handler。如果沒有，就立即回傳 false，因已決定該例外不應被處理。

你可能想知道說為什麼是發出原來的 AggregateException 而不是發出沒有相應的 handler 之單一例外。問題是由集合中捨棄一個例外可能導致喪失重要的資訊。InnerExceptions 中可能包含任何數量的例外。可能有超過一個以上不是預期的類型。你必須傳回整個集合，否則就會有失去大部分資訊的危險。在很多情況中，AggregateExceptions 的 InnerExceptions 集合只會包含一個例外。但是，你不該如此寫，因為當你確實需要那些額外的資訊時，就會在該處找不到。

這個解法感覺有點醜陋。防止例外離開正在處理背景工作的 task 會不會較好？在幾乎所有的情況中，那結果是較好的，但需要改變執行背景 task 的程式碼以確保沒有例外可以離開背景 task。每當你使用 TaskCompletionSource<> 類別，這代表永遠不會呼叫 TrySetException()，而是確保每一個 task 用某種方式呼叫 TrySetResult() 以表示完成。要確保這行為，你會修改 startDownload 如以下例子。當然，如我們早先所說的，你不應捕捉每一個例外－只捕捉那些你能回復的例外。在本例子中，你可以合理的由 WebException 回復，該例外顯示無法存取遠端主機。其他例外類別是顯示更嚴重的問題，應該繼續發出例外並停止所有處理。以下對 startDownload 方法所做的改變達成這些目標：

```
private static Task<byte[]> startDownload(string url)
{
    var tcs = new TaskCompletionSource<byte[]>(url);
    var wc = new WebClient();
    wc.DownloadDataCompleted += (sender, e) =>
    {
```

```
        if (e.UserState == tcs)
        {
            if (e.Cancelled)
                tcs.TrySetCancelled();
            else if (e.Error != null)
            {
                if (e.Error is WebException)
                    tcs.TrySetResult(new byte[0]);
                else
                    tcs.TrySetException(e.Error);
            }
            else
                tcs.TrySetResult(e.Result);
        }
    };
    wc.DownloadDataAsync(new Uri(url), tcs);
    return tcs.Task;
}
```

一個 WebException 導致一個回傳訊息指出讀到 0 個位元組，而所有其他例外經由平常的管道被發出。是的，這個策略代表你仍需在 AggregateException 被發出時處理發生的事。有可能你僅僅只是需要把這些例外視為重大錯誤處理，而由你的背景 tasks 處理所有其他錯誤。不管是在何種情形，你必須了解 AggregateException 是不同種類的例外。

當然，當你使用 LINQ 語法時，背景 tasks 中的錯誤製造了其他問題。回想我們在作法 35 中描述的三種不同平行演算法。在所有的情況中使用 PLINQ 改變了平常的延遲計算，而這些改變對你必須如何處理你的 PLINQ 演算法中的例外有重要的涵義。通常，只有在其他程式碼要查詢所產生的項目時才執行查詢，但 PLINQ 並不完全是如此運作。背景執行緒在運行時產生結果，而另一個工作建構最終的結果序列。這個程序不完全是一個積極計算（eager evaluation）。查詢的結果不是立即產生的，而是在 scheduler 允許之下由負責產生結果的背景執行緒盡快開始－不是立即，但很快開始。處理任何這些項目可能產出例外，代表你必須更改處理例外的程式碼。在一個典型的 LINQ 查詢中，你可以在使用查詢結果的程式碼加上 try/catch 區塊。這些區塊不需封包定義 LINQ 查詢演算式的程式碼：

```
var nums = from n in data
           where n < 150
```

```
            select Factorial(n);

try
{
    foreach (var item in nums)
        Console.WriteLine(item);
}
catch (InvalidOperationException inv)
{
    // 省略
}
```

一旦涉及 PLINQ，你必須把查詢的定義也封包在 try/catch 區段中。而且，當然，一旦你使用了 PLINQ，不論你原先預期的例外為何，都必須捕捉 AggregateException 替代。不論你是使用管道、停止與進行或反向列舉演算法，這都是對的。

例外在任何演算法中都是複雜的，而平行化的 task 使情況更為複雜。平行化 Task 程式庫使用 AggregateException 類別去儲存所有你的平行化演算法某處深層所發出的例外。一旦任何背景執行緒發出一個例外，任何其他背景運算也都停止。你所能採取的最好計畫是試圖確保平行化的 task 程式碼內不會發出任何例外。縱使如此，其他你沒有料想到的例外會在別處發出。因為這個緣故，你必須在控制的執行緒處理任何的 AggregateException 並啟動所有背景工作。

作法 37　使用執行緒區集取代建立執行緒

你不可能知道應該為你的應用程式建立的執行緒之最佳數目。你的應用程式現在會在一台多核心的機器上執行，但是幾乎可以肯定的是無論今天假設你有多少核心，在六個月後一定就不對。再進一步，你無法控制 CLR 會為它自己的工作，如 garbage collector，建立多少條執行緒。在一個伺服器如 ASP.NET 或 REST 服務中每一個新的要求都是由一條不同的執行緒處理。你，作為一個應用程式或類別庫的開發者，很難為目標系統的適當執行緒數目進行最佳化。

但是 .NET **執行緒區集**有最佳化目標系統運作中執行緒數量的所有資訊。再者，如果你為目標機器建立了太多 tasks 及執行緒，執行緒區集會為額外的要求依序排隊等候，直到有一條新的背景執行緒可供使用。更棒的是以 `Task` 為基礎的程式庫會在你用 `Task.Run` 執行 tasks 時利用執行緒區集。

.NET 執行緒區集可為你在執行緒資源管理進行大部分的工作。它管理資源的方式，可在你的應用程式反覆的啟動背景 tasks 時實現較佳的效能，並且不會和這些 tasks 緊密的互動。

你不應該在你的應用程式碼中建立執行緒。你應該使用程式庫為你管理執行緒與執行緒區集，如工作平行程式庫（Task Parallel Library）。

本書並不會涵蓋執行緒區集實作的詳細細節，因為使用執行緒區集的目的是想要卸載大部分的工作，然後把它變成架構的問題。簡單的說，執行緒區集中的執行緒數目增長，是為了在可供利用執行緒數目與最小化已配置及未使用資源之間達到平衡。你讓一個工作項目排隊等候，然後當有一條執行緒可供利用時，它會執行你的執行緒程序。執行緒區集的工作是確保很快的有一條執行緒可供使用。根本上，你發動要求然後就忘了它。

執行緒區集同時也自動管理 task 終結時的循環。當一個 task 結束時，執行緒沒有被銷毀，而是回復到就緒的狀態使得它可以被另一個 task 所用。如此的執行緒可接下另一個工作，正如執行緒區集所需。下一個 task 不需要是相同的 task，執行緒可執行你應用程式所需要的任何長時間運行的方法。你只需用另一個目標方法呼叫 `Task.Run`，然後你的執行緒區集也會管理那個方法中的工作。

系統管理一個執行緒區集中執行中 tasks 的數量。執行緒區集基於可用的系統資源啟動 tasks。如果目前系統的運作接近滿載，執行緒區集進行等待稍後才啟動新的 tasks。相反的，如果系統的負載輕，執行緒區集立即執行額外的 tasks。你不需要自己寫負載平衡的邏輯，執行緒區集會替你管理。

你可能認為最佳的 tasks 數應等於目標機器的核心數。這不是可能的策略中最差的，但這個假設在分析上太過簡單，並且幾乎可肯定不是最佳答案。等待時間、對 CPU 以外的資源的爭奪，以及在你掌控之外的程序全都會影響你應用程式的最佳執行緒數目。如果你建立的執行緒太少，你的應用程式就不會有最佳效能，因為核心處於閒置狀態。如果你建了太多執行緒，你的目標機器會花太多時間在規劃執行緒，而花太少時間在執行緒上運作的工作上。

為了提供做決策時的依據，我寫了使用 Hero of Alexandria 演算法的小程式來計算根號。這個例子只能提供一般的指導原則，因為每一個演算法都有它的特徵。在此例子中，核心的演算法是簡單的，並且在進行工作時並不與其他的執行緒溝通。

使用 Hero of Alexandria 演算法時，你針對一個數字的根號做一個猜測作為開始。一個簡單的猜測就是 1。如果找出一個猜測，你把 (1) 目前的猜測和 (2) 原來的數字除以目前的猜測兩者取平均。舉例來說，要找出 10 的平方根，你會先以 1 為猜測。下一個猜測將會是 (1 + (10/1)) / 2 或 5.5。你繼續重複此步驟直到猜測收斂至答案。程式碼如下：

```
public static class Hero
{
    public static double FindRoot(double number)
    {
        double previousError = double.MaxValue;
        double guess = 1;
        double error = Math.Abs(guess * guess - number);

        while (previousError / error > 1.000001)
        {
            guess = (number / guess + guess) / 2.0;
            previousError = error;
            error = Math.Abs(guess * guess - number);
        }
        return guess;
    }
}
```

為了把使用執行緒區集的效能特徵和手動建立執行緒，以及使用單一執行緒版本的應用程式做比較，我寫了測試模組針對此演算法進行重複計算：

```
private static double OneThread()
{
    Stopwatch start = new Stopwatch();
    double answer;
    start.Start();
```

```
    for (int i = LowerBound; i < UpperBound; i++)
        answer = Hero.FindRoot(i);
    start.Stop();
    return start.ElapsedMilliseconds;
}

private static async Task<double> TaskLibrary(int numTasks)
{
    var itemsPerTask = (UpperBound - LowerBound) / numTasks + 1;
    double answer;
    List<Task> tasks = new List<Task>(numTasks);
    Stopwatch start = new Stopwatch();
    start.Start();
    for(int i = LowerBound; i < UpperBound; i+= itemsPerTask)
    {
        tasks.Add(Task.Run(() =>
        {
            for (int j = i; j < i + itemsPerTask; j++)
                answer = Hero.FindRoot(j);
        }));
    }
    await Task.WhenAll(tasks);
    start.Stop();
    return start.ElapsedMilliseconds;
}

private static double ThreadPoolThreads(int numThreads)
{
    Stopwatch start = new Stopwatch();
    using (AutoResetEvent e = new AutoResetEvent(false))
    {
        int workerThreads = numThreads;
        double answer;
        start.Start();
        for (int thread = 0; thread < numThreads; thread++)
            System.Threading.ThreadPool.QueueUserWorkItem(
                (x) =>
                {
                    for (int i = LowerBound;
                        i < UpperBound; i++)
                        if (i % numThreads == thread)
                            answer = Hero.FindRoot(i);
                    if (Interlocked.Decrement(
```

```
                        ref workerThreads) == 0)
                        e.Set();
                });
            e.WaitOne();
            start.Stop();
            return start.ElapsedMilliseconds;
        }
    }

    private static double ManualThreads(int numThreads)
    {
        Stopwatch start = new Stopwatch();
        using (AutoResetEvent e = new AutoResetEvent(false))
        {
            int workerThreads = numThreads;
            double answer;
            start.Start();
            for (int thread = 0; thread < numThreads; thread++)
            {
                System.Threading.Thread t = new Thread(
                    () =>
                    {
                        for (int i = LowerBound;
                            i < UpperBound; i++)
                            if (i % numThreads == thread)
                                answer = Hero.FindRoot(i);
                        if (Interlocked.Decrement(
                             ref workerThreads) == 0)
                            e.Set();
                    });
                t.Start();
            }
            e.WaitOne();
            start.Stop();
            return start.ElapsedMilliseconds;
        }
    }
```

主程式產出第一執行緒版以及二個多執行緒版的時間數據，讓你可看到在兩種演算法比對下增加執行緒的效果是什麼。

由本例中可學到幾件事情。第一，手動建立執行緒的版本與使用執行緒區集或以 Task 為基礎的實作相比，負載高了許多。如果你建立超過 10 條執行緒，執行緒操作就成了主要的效能瓶頸。縱使是這個演算法，其中沒有什麼等待時間，結果不是很好。以 Task 為基礎的程式庫有一個固定的負載：它在少量的執行緒時較慢，但隨著被要求的 tasks 數量增加，API 管理執行緒數量的作法比其他演算法好。

當你使用執行緒區集時，必須查詢超過 40 個項目的負載才會佔據大部分的工作時間，而且這是在一台 2 核心的筆記型電腦上。伺服器級的機器有較多的核心在多執行緒時較有效率。執行緒數量比核心數多，通常是較聰明的選擇，但是這個選擇是和應用程式以及應用程式的執行緒等待資源的時間有密切的關係。

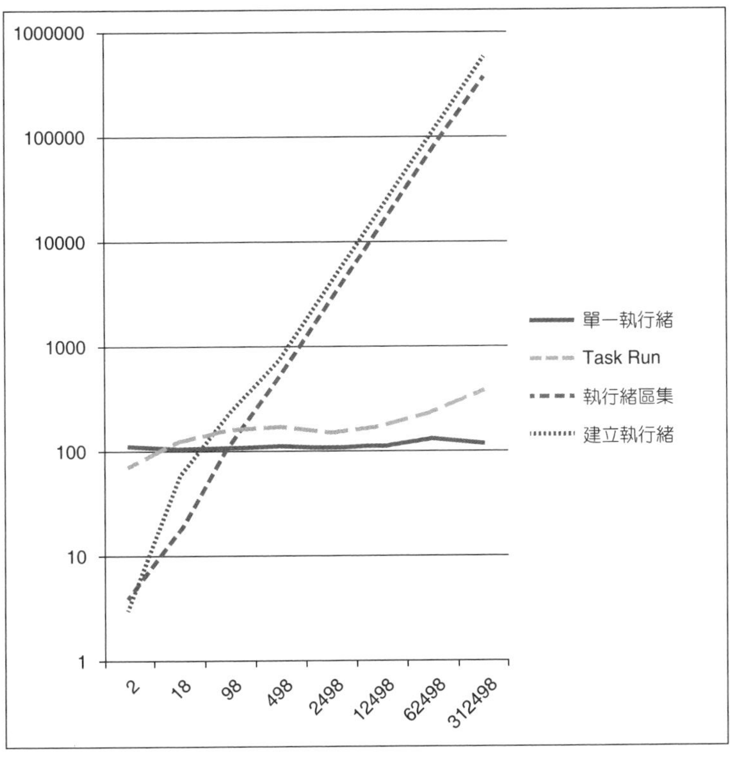

圖 4.1 單一執行緒版與多執行緒版使用 System.Threading.Thread 與 System.Threading.ThreadPool.QueueUserWorkItem 在計算時間上的效果。Y 軸顯示是在一台 4 核心的筆記型電腦上每 100,000 個計算的時間（毫秒）。

執行緒區集和自己手動建立執行緒相比，其高效能表現有兩個重要的因素。第一，執行緒區集一旦有執行緒可供工作使用就重複使用。當你手動建立執行緒時，必須為每一項新工作建立一條新的執行緒。建立與銷毀這些執行緒花費的時間較 .NET 執行緒區集管理要長。

第二，執行緒區集為你管理啟用的執行緒數量。如果你建立太多執行緒，系統會讓它們排隊等候，等待有足夠的資源可供執行工作。QueueUserWorkItem 把工作交給執行緒區集中下一條可用的執行緒並且為你做資源管理。如果應用程式的執行緒區集中所有的執行緒都在忙碌，就會把 tasks 排隊等候下一條可用的執行緒。

當你越走越進入這個核心數逐漸增加的世界，越來越可能會建立多執行緒的應用程式。如果你在 .NET 中使用 WCF、ASP.NET 或 .NET remoting 建立伺服器端應用程式，就已經在建立多執行緒應用程式。這些 .NET 子系統使用執行緒區集管理執行緒資源，而你也應該如此。你會發現執行緒區集引入較少的負荷，因而帶來較好的效能。而且 .NET 執行緒區集管理可用於工作的已啟用執行緒數量比你自己在應用程式層次所能處理的要好。

作法 38　使用 BackgroundWorker 做跨執行緒通訊

作法 37 展示了使用 `ThreadPool.QueueUserWorkItem` 啟動不同數量的背景 task 之範例。使用這個 API 方法是容易的，因為你把大部分的執行緒管理問題轉移給 Framework 以及其下的作業系統（`OS`）。有很多的功能你可以直接重複使用，所以 `QueueUserWorkItem` 應該是當你需要在你的應用程式中建立執行 tasks 的背景執行緒時的首選。

當然 `QueueUserWorkItem` 對於你應該如何進行你的工作做了一些假設。當你的設計不符合這些假設時，你會有更多的工作要做。在這種情況下，與其使用 `System.Threading.Thread` 建立你自己的執行緒，你應該使用 `System.ComponentModel.BackgroundWorker`。`BackgroundWorker` 類別是建立在 `ThreadPool` 之上並加入許多執行緒之間通訊的許多功能。

其中你必須處理的重要問題是在背景執行緒中做工作的 `WaitCallback` 方法中的例外。如果該方法發出任何例外，系統會中止你的應用程式。請注意，系統並不是只中斷該背景執行緒，而是停止整個應用程式。這個行為是和其他背景執行緒 API 方法一致的，但差別是 QueueUserWorkItem 並沒有任何內建的處理回報錯誤的能力。

除此之外，QueueUserWorkItem 並沒有提供任何內建的方法供背景執行緒之間的通訊及與前景執行緒通訊。它沒有提供任何內建的工具供你偵測完成、追蹤進度、暫停 tasks 或取消 tasks。當需要這些功能時，你可以改用建立在 QueueUserWorkItem 功能之上的 BackgroundWorker 元件。

BackgroundWorker 元件是建立在 System.ComponentModel.Component 類別之上來提供設計層次的支援。縱使如此，BackgroundWorker 在不需要包含對設計者支援的程式碼是相當有用的。事實上，大部分我使用 BackgroundWorker 的時候，都不是在 form 類別中。

BackgroundWorker 最簡單的用法是建立一個和委派的簽章吻合的方法，把該方法加入 BackgroundWorker 的 DoWork 事件中，然後呼叫 BackgroundWorker 的 RunWorkerAsync() 方法：

```
BackgroundWorker backgroundWorkerExample =
    new BackgroundWorker();
backgroundWorkerExample.DoWork += (sender, doWorkEventArgs) =>
{
    // 工作的本體省略
};
backgroundWorkerExample.RunWorkerAsync();
```

在這個模式中，BackgroundWorker 所進行的和 ThreadPool.QueueUserWorkItem 的功能是相同的。BackgroundWorker 類別使用 ThreadPool 執行我們的背景 tasks，而且它在內部是使用 QueueUserWorkItem。

BackgroundWorker 的能力來自於已為其他常見情境建立的架構。BackgroundWorker 使用事件在前景與背景執行緒之間的溝通。當前景執行緒發出一個要求，BackgroundWorker 在背景執行緒上舉發 DoWork 事件。DoWork event handler 讀取任何參數並且開始工作。

當背景執行緒中程序已完成（由 DoWork event handler 的結束定義），BackgroundWorker 在前景執行緒上舉發 RunWorkerCompleted 事件，如圖 4.2。前景執行緒現在在背景執行緒完成後，可以做任何必須的處理程序。

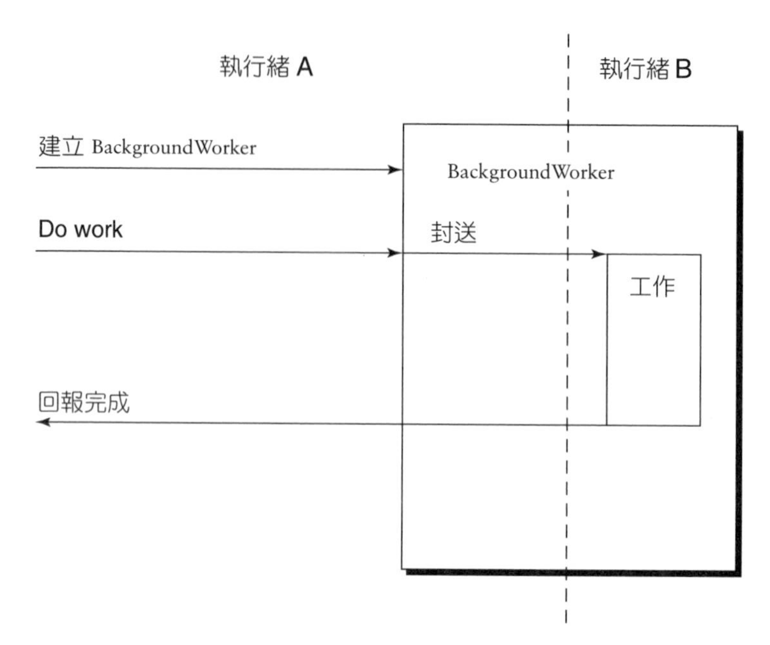

圖 4.2　BackgroundWorker 類別可以向前景執行緒中定義的 eventHandler 回報完成。你為完成事件註冊 event handler，當 DoWork 委派完成執行後 BackgroundWorker 舉發該事件。

除了 BackgroundWorker 舉發的事件外，可以操控屬性以控制前景與背景執行緒互動。WorkerSupportsCancellation 屬性通知 BackgroundWorker 有關背景執行緒知道如何中斷作業並離開。WorkerReportsProgress 屬性通知 BackgroundWorker 工作程序會定期回報進度給前景執行緒，如圖 4.3。除此之外，BackgroundWorker 把取消的要求交給背景執行緒。背景執行緒可以勾選 CancellationPending 旗標，並且如有需要可停止作業。

最後，BackgroundWorker 有一個回報發生在背景執行緒中錯誤的內建協定。作法 36 中解釋例外不能由一執行緒發至另一執行緒。如果例外是在背景執行緒中產生並且未能由執行緒中的程序捕捉到，執行緒就會中止。更糟的是，前景執行緒不會接到背景執行緒已停止作業的通知。BackgroundWorker 解決此問題的方法是加入 Error 屬性到 DoWorkEventArgs 並且傳遞該屬性給結果引數的 Error 屬性。然後你的工作程序就可以捕捉所有的例外，並且把它們設定在 Error 屬性中（這是少數建議捕捉所有例外的情況）。只需由背景執行緒中程序回傳，然後在前景結果的 event handler 中處理錯誤。

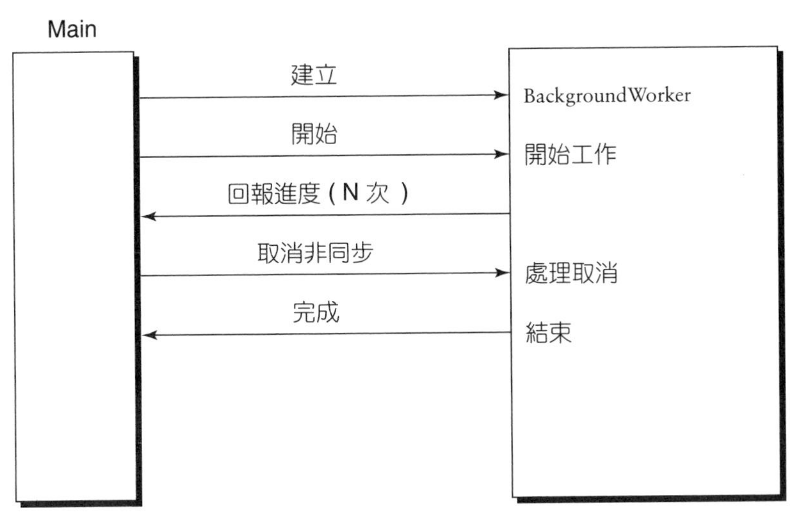

圖 4.3 BackgroundWorker 類別支援多個事件以便要求取消目前的 task、回報進度給前景的 task、完成及回報錯誤。BackgroundWorker 定義協定並舉發必要的事件以支援任何這些通訊機制。如要回報進度，你的背景程序必須舉發一個定義在 BackgroundWorker 上的事件。你的前景 task 程式碼必須要求這些額外的事件被舉發，而且必須註冊這些事件的 event handlers。

早先我說過我經常在不是 Form 類別的類別中使用 BackgroundWorker，甚至是用在非 Windows Forms 應用程式中，如服務及網頁服務。這個策略可正確的運作，但有些地方需要注意。當 BackgroundWorker 發現是在 Windows Forms 應用程式中運行而且表單是可見的，ProgressChanged 與 RunWorkerCompleted 事件經由－marshalling control 與 Control.BeginInvoke 被封送（marshalled）給使用者圖形界面（GUI）的執行緒（請見作法 39）。在其他情況中，那些委派只是在執行緒區集中的一條可用的執行緒被呼叫－可能會影響事件被接收的順序。

最後，因為 BackgroundWorker 是建立在 QueueUserWorkItem 之上，你可以在多個背景要求重複使用 BackgroundWorker。你需要檢查 BackgroundWorker 的 IsBusy 屬性來看 BackgroundWorker 目前是否在執行一個 task。如多個背景 tasks 應當同時執行，你可以建立多個 BackgroundWorker 物件。每一個都會分享相同的執行緒區集，所以你會有多個 tasks 在運作，就好像你用 QueueUserWorkItem 一樣。在此情況下，你需要確定你的 event handlers 使用了正確的 sender 屬性。這個慣用法確保背景執行緒與前景執行緒正確的溝通。

BackgroundWorker 支援許多在你建立背景 tasks 時會採用的常見模式。如要好好善用它，你可以在你的程式碼重複該實作，加入任何需要的模式。你不需要在前景與背景執行緒之間設計你自己的通訊協定。

作法 39　了解 XAML 環境中的跨執行緒呼叫

Windows 控制項使用元件物件模型（Component Object Model，COM）single-threaded apartment（STA）因為那些底層的控制項是 apartment-threaded。再者，很多控制項在很多操作中使用**訊息幫浦**（**message pump**）。這個模型說明所有對控制項的函式呼叫時的執行緒，必須和建立控制項的執行緒是相同的。Invoke（及 BeginInvoke 與 EndInvoke）把方法呼叫封送到適當的執行緒。兩個模型之下的程式碼是相似的，所以此處的討論會專注於 Windows Forms 的 API。如果呼叫的慣用法不同，兩種都會介紹。實作這個模式需要相當數量的複雜程式碼，但我們會陸續介紹。

首先，讓我們來看一個簡單的通用程式碼，可在你遇到這種情況時讓你日子容易些。**匿名委派**（**Anonymous delegates**）提供只用在一種情況的小型方法之簡便包裝方式。很不幸的，匿名委派不可以用在使用 abstract 的 System.Delegate 型別的方法上，如 Control.Invoke：

```
private void UpdateTime()
{
    Action action = () => textBlock1.Text =
        DateTime.Now.ToString();
    if (System.Threading.Thread.CurrentThread !=
        textBlock1.Dispatcher.Thread)
    {
        textBlock1.Dispatcher.Invoke
            (System.Windows.Threading.DispatcherPriority.Normal,
            action);
    }
    else
    {
        action();
```

```
    }
}
```

在 Windows Forms 中，你使用 Control.Invoke 進行封送：

```
private void OnTick(object sender, EventArgs e)
{
    Action action = () =>
        toolStripStatusLabel1.Text =
        DateTime.Now.ToLongTimeString();
    if (this.InvokeRequired)
        this.Invoke(action);
    else
        action();
}
```

該語法進一步隱藏了 event handler 的實際邏輯，使得程式碼可讀性降低並且更難於維護。它同時也引入了一個委派的定義，其唯一的目的是為 abstract 委派提供一個方法的簽章。

一小段泛型程式碼可以簡化這個程序。以下的 XAMLControlExtensions static 類別含有給予多達兩個參數的 invoke 委派的泛型方法。你可以加入更多的多載以提供更多的參數。再者，其中包含使用那些委派定義去呼叫目標的方法。呼叫是直接的呼叫或是透過 dispatcher 提供的封送進行：

```
public static class XAMLControlExtensions
{
    public static void InvokeIfNeeded(
        this System.Windows.Threading.DispatcherObject ctl,
        Action doit,
        System.Windows.Threading.DispatcherPriority priority)
    {
        if (System.Threading.Thread.CurrentThread !=
            ctl.Dispatcher.Thread)
        {
            ctl.Dispatcher.Invoke(priority,
                doit);
        }
        else
        {
            doit();
```

```
        }
    }
    public static void InvokeIfNeeded<T>(
        this System.Windows.Threading.DispatcherObject ctl,
        Action<T> doit,
        T args,
        System.Windows.Threading.DispatcherPriority priority)
    {
        if (System.Threading.Thread.CurrentThread !=
            ctl.Dispatcher.Thread)
        {
            ctl.Dispatcher.Invoke(priority,
                doit, args);
        }
        else
        {
            doit(args);
        }
    }
}
```

你可以為 Windows Forms 控制項建立類似的一組擴充：

```
public static class ControlExtensions
{
    public static void InvokeIfNeeded(
        this Control ctl, Action doit)
    {
       if (ctl.IsHandleCreated == false)
            doit();
        else if (ctl.InvokeRequired)
            ctl.Invoke(doit);
        else
            doit();
    }

    public static void InvokeIfNeeded<T>(this Control ctl,
        Action<T> doit, T args)
    {
        if (ctl.IsHandleCreated == false)
            throw new InvalidOperationException(
            "Window handle for ctl has not been created");
        else if (ctl.InvokeRequired)
```

```
            ctl.Invoke(doit, args);
        else
            doit(args);
    }
    // 建立 3 與 4 個參數的版本省略
    public static void InvokeAsync(
        this Control ctl, Action doit)
    {
        ctl.BeginInvoke(doit);
    }

    public static void InvokeAsync<T>(this Control ctl,
        Action<T> doit, T args)
    {
        ctl.BeginInvoke(doit, args);
    }
}
```

使用 `InvokeAsync<T>` 大幅簡化在一個（可能是）多執行緒的環境中處理事件的程式碼：

```
private void OnTick(object sender, EventArgs e)
{
    this.InvokeAsync(() => toolStripStatusLabel1.Text =
        DateTime.Now.ToLongTimeString());
}
```

WPF 版本並沒有一個 `InvokeRequired()` 方法可呼叫。而是你檢查目前執行緒的識別，然後把它與發生所有控制項互動的執行緒相比較。`DispatcherObject` 是很多 WPF 控制項的基底類別，它負責 WPF 控制項在執行緒之間的分派作業（dispatch operations）。同時，請注意在 WPF，你可以指定 event handler 動作的優先順序。這是因為 WPF 應用程式使用兩條 UI 執行緒，其中之一負責 UI 的描繪管道（rendering pipeline）使得 UI 可以一直繼續描繪任何動畫或其他動作。你可以針對控制項指定優先順序指出哪些動作是對你的使用者更為重要：是進行描繪或是處理某一特定背景事件。

例子中的程式碼有數個優點。Event handler 邏輯的本體被讀進 event handler 中，雖然它是使用一個匿名委派的定義。它與在你的應用程式中使用 dispatcher 重複程式邏輯相比，可讀性更高、也更容易維護。在 `WPFControlExtensions` 類別中，泛型方法處理 `InvokeRequired` 的檢查或者是比較執行緒識別，所以你不需每次都得記得要如此做。當我在寫單一執行緒的應用程式時不使用這些方法，但為更廣泛起見，如我想我的程式碼可能會在多執行緒環境中時，我會使用此版本。

當你決定在你所有的 event handlers 中採用此用法前，把 `InvokeRequired()` 所完成的工作看更詳細。這些不是沒有代價的呼叫，不建議到處採用這個用法。`InvokeRequired()` 一方面決定目前的程式碼是否在建立控制項的執行緒上執行，另一方面決定是否在另一條執行緒上執行且因此需要被封送。在大部分的情況下本屬性包含一個相當簡單的實作。它檢查目前執行緒的 ID 並與問題中的控制項用的執行緒 ID 比較。如果吻合，`Invoke` 就不需要了。這個比較花不了多少時間。

但是有一些有趣的邊緣情況會發生。假設問題中的控制項還沒有被建立。當一個父控制項已被建立，而目前的控制項尚在初始化的過程時是可能發生的。C# 物件存在，但底層的 window handle 依然是 `null`。在此情況下，是沒有東西可比較的。Framework 想要協助你，但需要一些時間。Framework 巡覽父控制項數來看它們之中是否有已建立的。如果 Framework 發現有一個視窗已被建立，該視窗會被用做封送的視窗。這是一個相當安全的結論，因為視父控制項負責子控制項會被建立在 Framework 所找到的父控制項之後，Framework 會進行和先前所提相同的檢查，比對目前執行緒 ID 與控制項執行緒 ID。

相對的，如果 Framework 找不到任何已建立的父視窗，則 Framework 需要去找另一類的視窗。如果階層中沒有視窗存在，Framework 就會去尋找 **parking window**。這是一種會隱藏一些 Win32 API 奇怪行為的特殊視窗。簡單的蓋括說明一下這些奇怪行為，是有一些視窗的改變需要毀掉並重建 Win32 視窗。（修改某些樣式需要視窗被毀掉重建。）每當一個父視窗必須被毀掉重建時 parking window 就會持有子視窗。在那段時間中，有一段時間 UI 執行緒只能在 parking window 中被發現。

在 WPF 中，這些行為有些部分已由 `Dispatcher` 類別的使用簡化。每一條執行緒都有一個 dispatcher。第一次你向一個控制項要求它的 dispatcher，程式庫檢查該執行緒是否已有一個 dispatcher。如果沒有，會建立一個新的 Dispatcher 物件並與控制項及執行緒做關聯。

但是依然有些漏洞與可能失敗的原因。或許沒有任何視窗已被建立－甚至是 parking window。在該情況下，InvokeRequired 永遠回傳 false，說明你不用封送呼叫至另一執行緒。這個回應是有些危險的，因為它有可能是錯的，但這是 Framework 所能提供的最好結果。任何你做的方法呼叫只要是需要 window handle 存在的都會失敗。因為沒有視窗，試圖去使用就會失敗。再者，封送肯定會失敗。如果 Framework 找不到任何封送控制項，Framework 就不可能封送目前的呼叫給 UI 執行緒。在此情境中，Framework 選擇可能隨後會失敗而不是立即肯定失敗。幸運的是這個情況實際上很少發生。在 WPF 中，Dispatcher 包含額外的程式碼防範此種情況。

讓我們總結你在 InvokeRequired 所學。一旦你的控制項已建立，InvokeRequired 是相當的快並且一直是安全的。但是，如果目標控制項沒有被建立，InvokeRequired 可能需要更長時間；並且如果沒有任何控制項被建立，InvokeRequired 需要很久的時間才能給你答案且可能是不正確的。雖然說 Control.InvokeRequired 用起來可能有一點昂貴，但仍是比一個不必要的呼叫 Control.Invoke 便宜許多。在 WPF 中，有一些邊緣情況已被最佳化並且比 Windows Forms 中的實作好。

現在我們來看 Control.Invoke 做了些什麼（Control.Invoke 可以做相當多的事，所以在這裡的討論是有大幅的簡化。）。首先，我們討論雖然你是和控制項在同一執行緒上但還是呼叫了 Invoke 的特殊情況。針對這個短迴圈的路徑，Framework 只是呼叫你的委派。當 InvokeRequired() 回傳 false 時呼叫 Control.Invoke()，表示你的程式碼做了一些額外的工作，但這是安全的。

一個更有趣的例子是在你真的需要去呼叫 Invoke。Control.Invoke() 處理跨執行緒呼叫的方式是發送一個訊息到目標控制項的訊息佇列。它會建立一個 private 的結構，其中包含所有呼叫委派所需的一切－所有參數、呼叫堆疊的參考，以及目標委派。參數是用複製的，以免在呼叫目標委派前它們的值被更改（記住這是一個多執行緒的世界）。

在這個結構被建立並加到佇列後，一個訊息被發送至目標控制項。Control.Invoke 接著就做 spin-wait 與 sleep 的組合。等待 UI 執行緒處理訊息即啟動委派。程序的這一部分含有一個重要的時程問題。當目標控制項處理 Invoke 訊息時，它並不是單純的只處理一個委派，而是處理所有的佇列委派。如果你一直都是在使用 Control.Invoke 的同步版本，你不會看到任何效應。但是，如果你混合使用 Control.Invoke 與 Control.BeginInvoke()，你會看到不同的行為。我們會在本做法末了回到這個議題，但在目前而言，我們要了解控制項的 WndProc 在接收到任何 Invoke 訊息時就會處理**每一個**等待中的 Invoke 訊息。你在 WPF 的操控會多一些，因為你可以操控非同步作業的優先順序。更明確的說，你可以指示 dispatcher 以下列方式排列處理的訊息 (1) 依照系統或應用程式的條件，(2) 依正常的次序，或 (3) 做為高優先順序訊息。

當然，這些委派可能發出例外，而例外不能跨越執行緒邊界。控制項以 try/catch 區段包覆對你委派的呼叫並捕捉所有例外。任何的例外是被複製到一個結構，然後在 UI 執行緒完成它的處理後由工作執行緒檢視。

在 UI 執行緒完成處理後，Control.Invoke 找尋任何 UI 執行緒上的委派所發出任何的例外。如果它找到一個例外，Invoke 重新發出至背景執行緒上。如果沒有任何例外，正常的處理就會繼續。如你所見，呼叫一個方法有不少的程序在進行。

Control.Invoke 在處理被封送的呼叫時會阻擋背景執行緒。雖然說有涉及多個執行緒，但是它會給人同步行為的印象。

有時候，這個行為可能不是你的應用程式所需要的。舉例來說，如果一個工作執行緒舉發一個進度事件（progress event），你可能想要工作執行緒繼續處理而不是等待一個 UI 的同步更新。在本情境中，你應該使用 BeginInvoke。這個方法所處理的和 Control.Invoke 大部分相同。但是在發出訊息到目標控制項之後，BeginInvoke 會立即回傳而不是等待目標委派結束。BeginInvoke 允許你發出一個訊息供後續處理，並立即取消對呼叫執行緒的阻擋。你可以將對應的泛型非同步方法（generic asynchronous methods）加到 ControlExtensions 類別使它可以更容易的非同步處理跨執行緒呼叫。和早先的方法相比由這些方法的獲益較少，但為了一致起見，讓我們加到 ControlExtensions 類別：

```
public static void QueueInvoke(this Control ctl, Action doit)
{
```

```
    ctl.BeginInvoke(doit);
}

public static void QueueInvoke<T>(this Control ctl,
    Action<T> doit, T args)
{
    ctl.BeginInvoke(doit, args);
}
```

QueueInvoke 方法並不先測試 InvokeRequired，因為縱使目前是在 UI 執行緒上執行，但你可能想要非同步的叫用一個方法。BeginInvoke() 為你處理該工作。Control.Invoke 發送訊息到控制項並返回。目標控制項在它下次檢查訊息佇列時處理訊息。如果在 UI 執行緒上呼叫 BeginInvoke，但它並不是真是非同步的－你只不過在目前作業稍後執行動作。

這個討論忽略了由 BeginInvoke 傳回的 Async 結果。事實上，UI 更新甚少有回傳值－這是一個使非同步的處理這些訊息更容易的因子。只需呼叫 BeginInvoke 然後等待在稍後委派方法被呼叫。你需要有防範的寫這些委派方法，因為任何的例外都會在跨執行緒封送過程中被吞沒。

在結束本做法之前，讓我們交代完在控制項內 WndProc 中未提及的部分。回想當 WndProc 接收到 Invoke 訊息時，WndProc 處理 QueueInvoke 上的每一個委派。如果你預期事件是依某一種順序處理並且是混合使用 Invoke 和 BeginInvoke，你可能會遇到時程上的問題。你可以確保 Control.BeginInvoke（或 Control.Invoke）呼叫的委派是依照它們被接收的順序處理。BeginInvoke 加入一個委派到佇列中。任何隨後對 Control.Invoke 的呼叫會處理佇列中所有的訊息，包括那些先前呼叫 BeginInvoke() 時加入的。〝隨後〞處理一個委派表示你不能控制〝隨後〞在何時實際發生。〝現在〞處理一個委派表示應用程式處理所有等待中的非同步委派，然後處理這一個。有可能 BeginInvoke 等待的委派中有一個在 Invoke 委派被呼叫之前改變了程式的狀態。你需要寫防禦性的程式碼以確保在委派中重新檢查程式的狀態，而不是依賴在 Control.Invoke 被呼叫前某個時間點所傳的狀態。

很簡單的，handler 原來的這個版本甚少顯示額外的文字：

```
private void OnTick(object sender, EventArgs e)
```

```
{
    this.InvokeAsync(() => toolStripStatusLabel1.Text =
        DateTime.Now.ToLongTimeString());
    toolStripStatusLabel1.Text += "  And set more stuff";
}
```

程式碼把訊息排入佇列中已啟動的一個改變，然後這個改變是在下一個訊息被處理時完成。那是在下一個敘述把更多文字加到 label 後才發生。

`Invoke` 與 `InvokeRequired` 為你做了相當多的工作。所有這些工作都是需要的，因為 Windows Forms 控制項是建立在單一執行緒的 apartment model 上。這個老舊的行為在新的 WPF 程式庫中繼續存在。在所有新的 .NET Framework 程式碼之下，依然藏匿著 Win32 API 與 window 訊息。這些訊息傳遞及封送可能導致沒有預期的行為。你需要了解那些方法做什麼並且與它們的行為配合。

作法 40　使用 lock() 作為同步處理的首選

執行緒需要彼此互相溝通。因為這個緣故，你需要為你的應用程式中的不同執行緒提供一個安全的方式傳送並接收資料。但是在執行緒之間分享資料會以同步問題的形式引入潛在的資料完整性錯誤。要避免這些錯誤所引起的潛在問題，你需要確定每一個資料分享項目的目前狀態是一致的。你可以使用**同步處理原始物件**（synchronization primitives）來保護對分享資料的存取以達到這種安全性。同步處理原始物件可確保目前的執行緒不會中斷，直到一組重要的作業已完成。

在 .NET BCL 中有很多的原型物件（primitives）可用來安全的保證分享資料的存取是同步的。其中只有一對 – `Monitor.Enter()` 與 `Monitor.Exit()` – 在 C# 語言中是被授予特殊的地位。`Monitor.Enter()` 與 `Monitor.Exit()` 實作了一個**關鍵區段**（critical section）。關鍵區段是一個常見的同步處理技術，C# 語言設計者是以 `lock()` 敘述的形式提供支援。你應該跟隨它們的帶領並以 `lock()` 成為你主要的同步化工具。

理由很簡單：編譯器產生一致的程式碼，但人類有時會犯錯。C# 語言引入 `lock` 關鍵字來控制多執行緒程式的同步作業。一個 `lock` 敘述產生的程式碼和你正確的使用 `Monitor.Enter()` 與 `Monitor.Exit()` 時的程式碼相同。再者，它很容易使用而且自動的產出所有你需要的有防範例外情況的程式碼。

但是在兩種情況下 Monitor 可以給你使用 lock() 時得不到的必要控制。首先，lock 是有語彙範圍（lexical scope）的。結果是，在使用 lock 敘述時，你不能在一個語彙範圍進入 Monitor 而在另一語彙範圍離開它。因此，你不能夠在一個方法中進入 Monitor 而在方法中定義的 lambda 演算式裡離開它（請見作法 42）。第二點，Monitor.Enter 支援逾時（timeout），隨後在本做法中會介紹。

你可以使用 lock 敘述鎖定任何參考型別：

```
public int TotalValue
{
    get
    {
        lock (syncHandle) { return total; }
    }
}

public void IncrementTotal()
{
    lock (syncHandle) { total++; }
}
```

lock 敘述取得一個物件的 exclusive monitor 並確保在鎖定釋放前沒有其他執行緒可以存取物件。上述使用 lock() 的程式碼和以下使用 Monitor.Enter() 與 Monitor.Exit() 的版本有相同的行為：

```
public void IncrementTotal()
{
    object tmpObject = syncHandle;
    System.Threading.Monitor.Enter(tmpObject);
    try
    {
        total++;
    }
    finally
    {
        System.Threading.Monitor.Exit(tmpObject);
```

```
    }
}
```

lock 敘述提供你許多可防範常見錯誤的檢查。舉例來說，它檢查鎖定的型別是參考型別而不是一個實值型別。Monitor.Enter() 方法並沒有包含這樣的防範。以下使用 lock() 的程序無法編譯：

```
public void IncrementTotal()
{
    lock (total) // 編譯錯誤：不能鎖定實值型別
    {
        total++;
    }
}
```

但是這個程序可以：

```
public void IncrementTotal()
{
    // 並不是真的鎖定 total，而是
    // 鎖定一個包含 total 的 box
    Monitor.Enter(total);
    try
    {
        total++;
    }
    finally
    {
        // 可能發出例外
        // 解鎖一個不同的 box，內含 total
        Monitor.Exit(total);
    }
}
```

Monitor.Enter() 可以編譯因為它正式的簽章是接受一個 System.Object。你可以使用 boxing 把 total 強迫轉型為一個 object。Monitor.Enter() 實際上鎖定含有 total 的 box－這就是第一個 bug 藏匿的地方。假想執行緒 1 進入 IncrementTotal() 並要求鎖定。然後，正當在增加 total 時，第二條執行緒呼叫 IncrementTotal()。執行緒 2 現在進入 IncrementTotal() 並要求鎖定。它成功的要求到一個不同的鎖定，因為

total 是被放入一個不同的 box。執行緒 1 鎖定了一個包含有 total 的值的 box；而執行緒 2 鎖定了另一個包含 total 的值的 box。你放置了額外的程式碼，但沒有得到同步處理。

然後你受到第二個 bug 困擾：當兩個執行緒之一試圖釋放 total 上的鎖定，Monitor.Exit() 方法發出一個 SynchronizationLockException。這個例外之所以被產生是因為 Monitor.Exit 的方法簽章也是期待一個 System.Object 型別，而 total 被放入另一個 box 以符合方法簽章。當你釋放這個 box 上的鎖定，則解鎖的資源是和鎖定的資源是不同的。Monitor.Exit() 失敗並發出例外。

當然，一些聰明人可能會如此嘗試：

```
public void IncrementTotal()
{
    // 也是不能運作：
    object lockHandle = total;
    Monitor.Enter(lockHandle);
    try
    {
        total++;
    }
    finally
    {
        Monitor.Exit(lockHandle);
    }
}
```

這個版本不會發出任何例外，但它也不能提供任何同步的保護。每一個對 IncrementTotal() 的呼叫都建立一個新的 box 並要求對該物件鎖定。每一條執行緒要求的鎖定都立即成功，但那不是鎖定一項分享的資源。每一條執行緒都贏，而 total 是不一致的。

lock 敘述同時也防範了更微妙的錯誤。Enter() 與 Exit() 是兩個不同的呼叫，所以你很容易犯錯要求與釋放不同的物件。這個動作可能產生一個 SynchronizationLockException。如果你正好有一個型別，其中鎖定超過一個同步的物件，的確是有可能在一條執行緒上要求兩個不同的鎖定並且在關鍵區段結尾釋放錯誤的一個。

lock 敘述自動產生防範例外的程式碼－這是一件很多人會忘記做的事。同時，它產生的程式碼比 Monitor.Enter() 與 Monitor.Exit() 的更有效率，因為它只需要計算目標物件一次。基於這些理由，你應該預設使用 lock 敘述處理 C# 程式中的同步化需求。

儘管如此，有一個限制會發生，因為 lock 產生的 MSIL 和 Monitor.Enter() 的相同－也就是 Monitor.Enter() 一直等待以取得鎖定，所以你可能引入一個鎖死的情況。在大型企業系統中，當你試圖存取重要資源時可能需要有更高的警覺性。Monitor.Enter() 讓你為一項作業指定逾時時間並在你無法存取重要資源時嘗試替代的辦法。

```
public void IncrementTotal()
{
    if (!Monitor.TryEnter(syncHandle, 1000)) // 等 1 秒
        throw new PreciousResourceException
            ("Could not enter critical section");
    try
    {
        total++;
    }
    finally
    {
        Monitor.Exit(syncHandle);
    }
}
```

你可以把這個技巧包覆在一個方便使用的小泛型類別中：

```
public sealed class LockHolder<T> : IDisposable
    where T : class
{
    private T handle;
    private bool holdsLock;

    public LockHolder(T handle, int milliSecondTimeout)
    {
        this.handle = handle;
        holdsLock = System.Threading.Monitor.TryEnter(
            handle, milliSecondTimeout);
    }
```

```
    public bool LockSuccessful
    {
        get { return holdsLock; }
    }

    public void Dispose()
    {
        if (holdsLock)
            System.Threading.Monitor.Exit(handle);
        // 不要重複解鎖
        holdsLock = false;
    }
}
```

你會用以下的方式使用本類別：

```
object lockHandle = new object();

using (LockHolder<object> lockObj = new LockHolder<object>
    (lockHandle, 1000))
{
    if (lockObj.LockSuccessful)
    {
        // 工作省略
    }
}
// 在此呼叫 Dispose
```

C# 團隊以 lock 敘述的形式加入對 Monitor.Enter() 與 Monitor.Exit() 隱匿的支援，因為這是你最可能常用的同步化技巧。編譯器可以替你進行的額外檢查，使在你的應用程式中建立同步化的程式更為容易。lock 敘述是語言規範中保證，是唯一肯定會產生副作用的原始物件。因此，lock 是在你的 C# 應用程式的執行緒之間大部分同步化作業的最佳選擇。

但是，lock 不是同步化的唯一選擇。事實上，當你是在同步化存取數值型別或置換參考的作業時，System.Threading.Interlocked 類別對物件單一作業支援同步作業。System.Threading.Interlocked 有一些方法你可用來存取分享的資料，使得在任何其他執行緒可以存取該位置前，某一特定作業可以完成。它同時在你運用分享的資料時遇到的同步化問題上給予一較健全的觀點。

請參考以下的方法：

```
public void IncrementTotal() =>
    total++;
```

如這個方法所寫的，交錯的存取可導致資料呈現的不一致。一個遞增運算子不是一個單一的機器指令。而是 total 的值必須由主記憶體取得，然後放入暫存器。接下來暫存器中的值被遞增，最後把新的值由暫存器中讀出並放回主記憶體中適當的位置。如果在第一條執行緒發動後，第二條執行緒由主記憶體讀取該值，但是新的值又尚沒回存，則會導致資料的不一致。

假設兩條執行緒交錯的呼叫 IncrementTotal。執行緒 A 由 total 讀到的值為 5。在那時刻，作用中的執行緒切換為執行緒 B。執行緒 B 由 total 讀到的值為 5，增加它的值，然後儲存 6 為 total 的值。在這時刻，作用中的執行緒切換回執行緒 A。執行緒 A 現在增加暫存器中的值為 6 並把值回存 total。結果 IncrementTotal() 被呼叫了兩次，一次由執行緒 A 而另一次由執行緒 B。但因為交錯的存取，最終的效應是更新只發生了一次。這類型的錯誤很難發現，因為它們來自於在剛好不對的時刻交錯的存取。

你可以用 lock 同步化這個作業，但是有一個更簡單的方式。Interlocked 類別有一個簡單的方法可以修正問題：Interlocked.Increment。如果你用以下方式重寫 IncrementTotal，遞增作業不能被中斷而且兩個遞增作業都永遠會被記錄到：

```
public void IncrementTotal() =>
    System.Threading.Interlocked.Increment(ref total);
```

Interlocked 類別含有其他方法供處理內建的資料型別。Interlocked.Decrement() 遞減一個值。Interlocked.Exchange() 以一個新的值置換目前的值並傳回目前的值。你可以使用 Interlocked.Exchange() 設定新的狀態並傳回先前的狀態。舉例來說，假設你想要儲存最後一個存取某資源的使用者 ID。你可以呼叫 Interlocked.Exchange() 儲存目前使用者 ID 並同時取得前一個使用者的 ID。

最後，還有 CompareExchange() 方法。該方法讀取分享的資料，並且如值是和期待的值吻合，就進行更新。否則，不會有任何事發生。不論在哪一種情況，CompareExchange( ) 回傳儲存在該位置原來的值。作法 41 示範如何使用在一個 CompareExchange 類別建立一個 private 鎖定物件。

Interlocked 與 lock( ) 並不是僅有可用的原始物件。Monitor 類別也包含有 Pulse 與 Wait 方法，可用來實作一個消費者／生產者設計。你也可以在有多條執行緒存取一個值，但只有少數的幾條會進行修改的設計中使用 ReaderWriterLockSlim 類別。ReaderWriterLockSlim 比先前版本的 ReaderWriterLock 有數項改進，因此你應該在所有新的開發中使用 ReaderWriterLockSlim。

針對最常見的同步化問題，檢查 Interlocked 類別以查看是否可用來提供你所需要的功能。如果有許多單一的作業，你可以如此用。否則，你的首選是 lock( ) 敘述。只有在你需要特殊目的鎖定功能時，才看得到這些其他的選擇。

作法 41 鎖定 Handles 使用最小可能的範圍

當你在寫並行（concurrent）的程式時，會想要盡力侷限同步原始物件。應用程式中越多使用同步原始物件，就會越難避免鎖死、遺漏的鎖定，或其他並行程式設計的問題。這是規模的問題：你需要看越多地方，就會越難找到特定的問題。

在物件導向程式設計中，你使用 private 成員變數來最小化－不是移除－你需要搜尋狀態改變的位置數量。在並行程式設計中，你會想要做相同的事限制你用來提供同步作業的物件。

兩個常被廣泛使用的鎖定技巧由這個觀點來看，不過就是壞主意而已。lock(this) 與 lock(typeof(MyType)) 有著基於一個可公開存取的實體來建立你的鎖定物件的不良效果。

假設你寫的程式碼如下：

```
public class LockingExample
{
    public void MyMethod()
    {
```

```
        lock (this)
        {
            // 省略
        }
    }
    // 省略
}
```

現在你的客戶－讓我們稱他為 Alexander －說他需要鎖定某樣東西。Alexander 所寫如下所示：

```
LockingExample x = new LockingExample();
lock (x)
    x.MyMethod();
```

這種類型的鎖定策略很容易可以導致鎖定。客戶端的程式碼在 LockingExample 物件取得一個鎖定。在 MyMethod 中，你的程式碼在相同的物件上取得另一個鎖定。這是沒有問題的，但很快有一天，不同的執行緒由程式中的某處鎖定 LockingExample 物件。鎖死的問題就發生了，並且沒有好的方法找出是在哪裡取得鎖定的，任何地方都可能。

要避免這種問題，你需要改變你的鎖定策略。有三個策略可達到這個目的。

首先，如果你想要保護整個方法，可以使用 MethodImplAttribute 來指定方法是要被同步的：

```
[MethodImpl(MethodImplOptions.Synchronized)]
public void IncrementTotal()
{
    total++;
}
```

當然，這不是最常見的做法。

第二，你可以要求一個開發者只能在目前型別或目前物件上建立鎖定。換句話說，你建議每一個人使用 lock(this) 或 lock(MyType)。這策略會是有效的，如果每個人都聽從你的建議。這有賴於全世界的所有客戶都理解除了目前的物件或目前的型別他們永遠不能鎖定其他任何東西。這會失敗，因為這無法落實。

第三，而且是最佳的選擇，你可以建立一個 handle，用來保護一個物件中分享資源的存取。該 handle 是一個 private 的成員變數，所以它不可能由使用的型別之外存取。以這種方式，你可以確保用於同步化存取的物件是 private 的並且不能由任何非 private 屬性存取。如此的策略可確保一個特定物件的任何鎖定原始物件是被侷限於一特定的位置。

在實際上，你會建立一個用做同步 handle 的 `System.Object` 變數。當你想要保護對類別中任何成員的存取時，你可以鎖定該 handle。當你建立同步的 handle 時需要小心一點，要確保不會因為執行緒在很不巧的時間交錯的存取它們的記憶體而產生額外同步 handle 的複本。`Interlocked` 類別的 `CompareExchange` 方法檢測一個值，並在如有需要時替換它。你可以使用該方法確保在你的型別中只配置了唯一的同步 handle 物件。

可達到這些目標的最簡單程式碼如下：

```
private object syncHandle = new object();

public void IncrementTotal()
{
    lock (syncHandle)
    {
        // Code elided
    }
}
```

你可能覺得你很少需要鎖定，所以選擇在有實際需要時才建立同步物件。在如此情況下，你同步 handle 的建立可以花俏一點：

```
private object syncHandle;

private object GetSyncHandle()
{
    System.Threading.Interlocked.CompareExchange(
        ref syncHandle, new object(), null);
    return syncHandle;
}

public void AnotherMethod()
{
```

```
    lock (GetSyncHandle())
    {
        // 省略
    }
}
```

syncHandle 物件是用於控制對你的類別中任何分享資源的存取，private 方法 GetSyncHandle() 傳回充當同步的目標之單一物件。不能被中斷的 CompareExchange 呼叫，確保你建立了只有一份的同步 handle。它把 syncHandle 的值和 null 比較。如果 syncHandle 是 null，則 CompareExchange 建立一個新的物件並指派該物件給 syncHandle。

該討論涵蓋了你可能為實體方法做的任何鎖定，那 static 方法怎麼辦呢？相同的技巧是有效的，但你應該建立一個 static 的同步 handle，使類別的所有實體分享的只有唯一一個同步 handle。

當然，你可以鎖定比一個方法更小的程式碼區段。你可以在一個方法（或屬性的存取子或索引子）內的任何區段的程式碼建立同步化的區段。不論範圍為何，你需要採取步驟最小化被鎖定程式碼的範圍。

```
public void YetAnotherMethod()
{
    DoStuffThatIsNotSynchronized();
    int val = RetrieveValue();
    lock (GetSyncHandle())
    {
        // 省略
    }
    DoSomeFinalStuff();
}
```

如果你決定在一個 lambda 演算式內建立或使用一個鎖定要特別小心。C# 編譯器會建立一個閉包（closure）包覆 lambda 演算式。這個行為連同 C# 3.0 建構所支援的延遲執行模式（deferred execution model）代表開發者會覺得決定鎖定的語彙範圍何時結束有些困難。後果是這個策略更容易導致鎖死問題－開發者可能無法決定程式碼是否位於鎖定的範圍。

有幾個指導原則可以協助你更有效的使用鎖定。如果你有需要為你類別中不同的值建立不同的鎖定，這是一個你應該把目前的類別拆開為多個類別的強烈徵兆。簡單地說，你的類別嘗試做太多的事了。如果你需要保護對一些變數的存取，並且用其他鎖定去保護類別中的其他變數，這是強烈的徵兆顯示你應該把類別拆開為有不同責任的型別。如果你把每一個型別視為一個單一的單位同步化的控制會比較容易。每一個持有分享資料的類別－資料必須由不同的執行緒所存取－應該用單一同步的 handle 來保護對這些分享資源的存取。

當你決定要鎖定什麼，選擇一個任何呼叫者看不見的 private 欄位。不要鎖定一個公開可見的物件。鎖定公開可見的物件需要所有開發者永遠遵守相同的習慣，使得客戶端程式碼容易導致鎖死的問題。

作法 42 避免在鎖定的區段呼叫不明的程式碼

在這一連串問題的最後，我們來談因鎖定不足所造成的問題。當你開始建立鎖定的時候，下一個最可能的問題是你可能造成鎖死。鎖死的發生是由於一條執行緒在等待另一條執行緒完成時進行阻擋，而第二條執行緒也同時在等待的一條執行緒完成。在 .NET Framework 中，你可能會有一個特殊的情況，其中的跨執行緒呼叫以競相發出同步的呼叫的方式封送。因此，當只有一個資源是鎖定的情況下兩條執行緒有可能鎖死。（作法 39 說明了此種情況之一。）

你已經學過避免這個問題最簡單的方法之一：作法 40 討論如何使用一個 private 不可見的資料成員作為鎖定的目標，以侷限你應用程式中鎖定的程式碼。除此之外，有其他的方式可導致鎖死。如果你由同步作業區域的程式碼中啟動不明的程式碼，則引入了另外一條執行緒鎖死你的應用程式的可能性。

舉例來說，假設你寫了如以下所列的程式碼處理一個背景作業：

```
public class WorkerClass
{
    public event EventHandler<EventArgs> RaiseProgress;
    private object syncHandle = new object();

    public void DoWork()
    {
```

```
        for (int count = 0; count < 100; count++)
        {
            lock (syncHandle)
            {
                System.Threading.Thread.Sleep(100);
                progressCounter++;
                RaiseProgress?.Invoke(this, EventArgs.Empty);
            }
        }
    }

    private int progressCounter = 0;
    public int Progress

    {
        get
        {
            lock (syncHandle)
                return progressCounter;
        }
    }
}
```

`raiseProgress()` 方法通知所有聆聽者有關更新的進度。請注意，任何聆聽者可以註冊處理該事件。在一個多執行緒程式中，一個典型的 event handler 可能如下所示：

```
static void engine_RaiseProgress(object sender, EventArgs e)
{
    WorkerClass engine = sender as WorkerClass;
    if (engine != null)
        Console.WriteLine(engine.Progress);
}
```

每樣事情都運作良好，但只是因為你幸運而已。這程式碼之所以可以運作是因為 event handler 是在背景執行緒的環境中執行。

現在假設這個應用程式是一個 Windows Forms 應用程式，並且你需要封送 event handler 回到你的 UI 執行緒（作法 38）。如果有必要，`Control.Invoke` 封送呼叫到 UI 執行緒。再者，`Control.Invoke` 阻擋原來的執行緒直到目標委派已完成。這聽起來是夠單純的。你現在是在一條不同的執行緒上運作，但應該是沒問題的。

第二個重要的動作導致整個程序鎖死。你的 event handler 啟動的一個 callback 進入 engine 物件，假設你寫了如以下所列的程式碼處理一個背景作業：是在取得狀態的細節。`Progress` 的存取子，現在在不同的執行緒運行，無法獲得相同的鎖定。

`Progress` 的存取子鎖定了同步的 handle。這由目前物件的局部環境來看是正確的，但實際上卻是不正確的。UI 執行緒嘗試鎖定相同的 handle，但卻已被背景執行緒鎖定。背景執行緒在暫停等待 event handler 回傳，但它已經讓同步 handle 鎖定了。因此，你被鎖死了。

表格 4.1 顯示出呼叫堆疊，說明這些問題為何難以 debug。這個情境在第一個鎖定及第二個嘗試的鎖定之間有八個方法在呼叫堆疊中。更糟的是，執行緒在架構的程式碼中交錯發生，你可能根本看不見它。

表格 4.1 在背景執行緒與前景執行緒之間，封送更新 Window 顯示程式碼執行的呼叫堆疊

方法	執行緒
`DoWork`	背景執行緒
`raiseProgress`	背景執行緒
`OnUpdateProgress`	背景執行緒
`engine_OnUpdateProgress`	背景執行緒
`Control.Invoke`	背景執行緒
`UpdateUI`	UI 執行緒
`Progress`（屬性存取）	UI 執行緒（鎖死）

根本的問題是你試圖重新獲得一個鎖定。因為你無法知道你的控制項以外的程式碼可能採取什麼動作，你應該嘗試避免由鎖定的區域內啟動 callback。在本例中，本建議表達你必須在鎖定的區段之外舉發進度回報的事件：

```
public void DoWork()
{
    for (int count = 0; count < 100; count++)
```

```
    {
        lock (syncHandle)
        {
            System.Threading.Thread.Sleep(100);
            progressCounter++;
        }
        RaiseProgress?.Invoke(this, EventArgs.Empty);
    }
}
```

現在你見到了問題，是時候該確定你了解到各種呼叫不明程式碼的方式可能溜進你的應用程式中。顯然的，舉發任何可公開存取的 event 是一個 callback。啟動一個以引數方式傳遞的委派或由公開 API 設定，都是 callback。啟動一個以引數方式傳入的 lambda 演算式也可能會呼叫不明的程式碼（請見《*Effective C#*，第三版》作法 7）。

這些不明程式碼的來源是相當容易發現的。但是有另外的不明程式碼可能來源藏匿在類別中：virtual 方法。任何你可啟動的 virtual 方法可以被衍生類別 override。該衍生類別可以啟用你類別中的任何方法（(public 或 protected 的）。任何這些啟用都可以嘗試再次鎖定一個分享的資源。

不管事如何發生的，模式是相似的：你的類別獲得一個鎖定。然後，當仍在同步區段中，它啟用了一個方法，叫用你控制之外的程式碼。該客戶端程式碼含有一組開放的程式碼，可能最終回溯至你的類別中，甚至是在另一條執行緒中。你無法阻止該段開放的程式碼做一些邪惡的事。與其如此，你必須防範此情況發生：不要由你程式碼中所訂的區段呼叫不明的程式碼。

動態程式設計 5

靜態型別與動態型別都各自有其優點。動態型別可以提供更快的開發時程，而且更容易在不相似的系統之間提供互通性。靜態型別可使編譯器找到不同種類的錯誤。正因為編譯器可以做這些檢查，執行期的檢查更為簡單，因而產生較高的效能。C# 是一個靜態型別的語言而且一直都會是如此。但在動態語言能提供高有效率的解決方案時，C# 就提供了動態的功能。這些功能讓你在有需要時，能於靜態型別與動態型別之間切換。靜態型別豐富的可用功能代表你大部分的 C# 程式碼都是採用靜態型別。本章特別介紹適合動態程式設計的問題以及解決這些問題最有效的技巧。

作法 43 了解動態程式設計的利弊

C# 對動態型別的支援是用來作為達到其他位置的橋樑。用意不是在鼓勵廣泛的動態語言程式設計，而是在 C# 的強型別、靜態型別與那些使用動態型別的環境之間提供一個平順的過渡。

當然，這不代表你該限制你使用和動態型別和其他環境互通。C# 型別可被強迫轉為動態物件並視為動態物件。當然就像這個世界的所有東西一樣，把 C# 物件視為動態物件有好也有壞。讓我們來看一個例子，然後檢視發生了什麼。

C# 泛型的限制之一是存取定義在 `System.Object` 以外的方法時你需要指定約束條件。再者這些約束制條件的形式必須是一個基底類別、一組介面，或是參考型別、實值型別與 public 無引數建構函式的特殊約束條件。你不能指定某些已知的方法是可用的。這個限制在你想要建立一個依賴某些運算子如 + 等的一般性方法時是特別的有侷限性。動態調用（Dynamic invocation）可以修正這個問題。只要是一個成員在執行期是可用的，它就可以被使用。

以下的方法相加兩個動態物件，只要在執行期是有運算子 + 可用：

```
public static dynamic Add(dynamic left,
    dynamic right)
{
    return left + right;
}
```

這是我在動態型別的第一個討論，所以我們來看這裡發生了什麼。一個動態型別可以想成是一個〝能在執行期繫結的 System.Object〞。在編譯時期，動態變數指具有 System.Object 中定義的方法。編譯器然後加入程式碼使每一個成員的存取被實作為一個動態呼叫位置（dynamic call site）。在執行期，程式碼執行已檢驗物件並決定被要求的方法是否可用。（請看作法 45 有關動態物件的實作）。這常被稱為是〝鴨子型別〞（duck typing）：如果走路像一隻鴨子，而且嘎嘎叫像一隻鴨子，牠可能就是一隻鴨子。你不需要宣告一個特定的介面或提供任何編譯時期的型別作業。只要是需要的成員在執行期可用，這個策略就可行。

至於例子的方法，動態呼叫位置會決定是否有一個可用的 + 運算子給所列的兩個物件的實際執行期型別使用。以下的呼叫全都會提供正確的答案：

```
dynamic answer = Add(5, 5);
answer = Add(5.5, 7.3);
answer = Add(5, 12.3);
```

請注意 answer 也必須宣告為一個動態物件。因為呼叫是動態的，編譯器並不知道回傳值的型別。該型別必須在執行期解析－而在執行期解析回傳值的唯一方式是令它為一個動態物件。回傳值的靜態型別是 dynamic，而它的執行期型別是在執行期解析。

當然，此動態的 Add 方法不只限於數值的運算。你可以加字串（因為字串有 + 運算子定義）：

```
dynamic label = Add("Here is ", "a label");
```

你可以加 time span 到 date：

```
dynamic tomorrow = Add(DateTime.Now, TimeSpan.FromDays(1));
```

只要是有一個可用的 + 運算子，動態版本的 Add 就可以運作。

動態型別的初步解釋可能導致你過度使用動態程式設計。除了動態程式設計的優點之外，也有一些缺點存在。你已經把型別系統的安全性遺漏在外，因此，你侷限了編譯器所能幫你的。任何對型別的解析錯誤只有在執行期才會被發現。

任何運算的結果，只要是運算元（包含可能出現的 this 參考）之一是動態的，則都是動態的。在某些地方，你會想把這些動態型別帶回至你大部分 C# 程式碼所使用的靜態型別系統。這需要一個 cast 或轉換運算：

```
dynamic answer = Add(5, 12.3);
int value = (int)answer;
string stringLabel = System.Convert.ToString(answer);
```

當動態物件的型別就是目標型別，或者可以 cast 為目標型別時，cast 運算會有效。你需要知道任何動態運算結果的正確型別才能賦予它強型別（strong type）。否則，轉換在執行期會失敗並發出一個例外。

當你在執行期必須解析方法但卻不知道涉及哪些型別時，使用動態型別是正確的。當如果你是有編譯時期的資訊，則應該使用 lambda 演算式與函數式程式設計的建構來建立你需要的解決方案。你可以如下所示使用 lambda 演算式重寫 Add 方法：

```
public static TResult Add<T1, T2, TResult>(T1 left, T2 right,
    Func<T1, T2, TResult> AddMethod)
{
    return AddMethod(left, right);
}
```

每一個呼叫者需要提供具體的方法。所有先前的例子可以使用這個策略實作：

```
var lambdaAnswer = Add(5, 5, (a, b) => a + b);
var lambdaAnswer2 = Add(5.5, 7.3, (a, b) => a + b);
```

```
var lambdaAnswer3 = Add(5, 12.3, (a, b) => a + b);
var lambdaLabel = Add("Here is ", "a label",
    (a, b) => a + b);
dynamic tomorrow = Add(DateTime.Now, TimeSpan.FromDays(1));
var finalLabel = Add("something", 3,
    (a, b) => a + b.ToString());
```

你可以看到最後一個方法需要指定由 `int` 到 `string` 的轉換。它同時令人感覺它有點醜陋，因為所有這些 lambda 演算式看起來可以改變成為一個方法。很不幸的，這個解法就是如此運作的。你必須在型別可以被推論的地方提供 lambda 演算式。這代表有相當數量對人類而言看起來是相同的程式碼必須被重複－因為這程式碼對編譯器而言是不一樣的。當然，定義 `Add` 方法來實作 `Add` 看起來有些傻。在實際上，你會對使用 lambda 演算式但又不只是執行它而已的方法使用這個技巧。舉例來說，這個技巧用在 .NET 程式庫 `Enumerable.Aggregate()`。`Aggregate()` 列舉整個序列並經由相加（或執行其他運算）產出一個單一的結果：

```
var accumulatedTotal = Enumerable.Aggregate(sequence,
    (a, b) => a + b);
```

這依然感覺你是在重複程式碼。一種避免重複程式碼的方法是使用運算式樹（expression trees）－這是另一種在執行期建構程式的方式。`System.Linq.Expression` 類別以及它的衍生類別提供你可以用來建運算式樹的 API。你可以用來把運算式樹轉換為一個 lambda 演算式，並把所得的 lambda 演算式編譯為一個委派。舉例來說，以下的程式碼針對三個相同型別的值建立並執行 `Add`：

```
// 直觀的實作。隨後有更佳版本
public static T AddExpression<T>(T left, T right)
{
    ParameterExpression leftOperand = Expression.Parameter(
        typeof(T), "left");
    ParameterExpression rightOperand = Expression.Parameter(
        typeof(T), "right");
    BinaryExpression body = Expression.Add(
        leftOperand, rightOperand);
    Expression<Func<T, T, T>> adder =
        Expression.Lambda<Func<T, T, T>>(
        body, leftOperand, rightOperand);
```

```
    Func<T, T, T> theDelegate = adder.Compile();
    return theDelegate(left, right);
}
```

大部分有趣的工作都涉及型別資訊。所以，與其使用 var（我在上線的程式碼為清楚起見會如此），這程式碼特別的命名所有的型別。

頭兩行為名稱為〝left〞與〝right〞的變數建立 parameter expressions。下一行使用兩個引數建立 Add 演算式。Add 演算式是衍生自 BinaryExpression。你應該可以為其他二元運算子建立類似的演算式。

接下來，程式碼由演算式 body 與兩個引數建立一個 lambda 演算式。最後，經由編譯演算式建立 Func<T,T,T> 委派。一旦經過編譯，你可以執行此委派並傳回結果。當然，你可以呼叫它就像呼叫其泛型方法一樣：

```
int sum = AddExpression(5, 7);
```

就如先前例子中的註解標示，這是一個直覺的實作。不要把這個程式碼複製到你工作的應用程式中，因為它有兩個問題。

第一，有很多情況之下本程式碼不能運作，但是 Add() 應該可以。一些正確的 Add() 方法用相異的引數－ int 與 double、DateTime 與 TimeSpan 等。這一類相異的引數不能在本方法中使用。要修改這個問題，你必須加另外兩個泛型引數到方法中。然後，你可以在運算的左右兩側指定不同的運算元。除此之外，讓我們使用 var 宣告一些區域變數的命名。這會模糊化型別資訊，但可以使方法的邏輯清楚些。

```
// 稍微改善
public static TResult AddExpression<T1, T2, TResult>
    (T1 left, T2 right)
{
    var leftOperand = Expression.Parameter(typeof(T1),
        "left");
    var rightOperand = Expression.Parameter(typeof(T2),
        "right");
    var body = Expression.Add(leftOperand, rightOperand);
    var adder = Expression.Lambda<Func<T1, T2, TResult>>(
        body, leftOperand, rightOperand);
    return adder.Compile()(left, right);
```

```
}
```

這個方法和前一版非常相似；修改的程式碼只是讓你在呼叫方法使左、右運算元均可使用不同的型別。當你呼叫這個版本時，唯一的缺點是你需要宣告全部三個引數的型別：

```
int sum2 = AddExpression<int, int, int>(5, 7);
```

但是，正因為你指定了全部三個引數，有相異引數的演算式可以運作：

```
DateTime nextWeek = AddExpression<DateTime, TimeSpan,
    DateTime>(
    DateTime.Now, TimeSpan.FromDays(7));
```

原來的例子中有第二個令人抱怨的問題程式碼，如目前所示，當次 AddExpression() 方法被呼叫時都把演算式編譯為一個委派。如此是不太有效率的，尤其是當你想要重複執行相同的演算式時。編譯演算式是昂貴的，所以你應該把編譯過的委派緩衝儲存起來以便未來使用。以下是該類別的第一次修改：

```
// 處理許多限制
public static class BinaryOperator<T1, T2, TResult>
{
    static Func<T1, T2, TResult> compiledExpression;

    public static TResult Add(T1 left, T2 right)
    {
        if (compiledExpression == null)
            createFunc();

        return compiledExpression(left, right);
    }

    private static void createFunc()
    {
        var leftOperand = Expression.Parameter(typeof(T1),
            "left");
        var rightOperand = Expression.Parameter(typeof(T2),
            "right");
        var body = Expression.Add(leftOperand, rightOperand);
        var adder = Expression.Lambda<Func<T1, T2, TResult>>(
```

```
            body, leftOperand, rightOperand);
        compiledExpression = adder.Compile();
    }
}
```

讓我們來討論在演算式與動態型別之間如何做選擇。這個決定依狀況而定。演算式的版本使用較簡單的一組執行期計算，可能使它在很多情況中是較快的。但是演算式可能比動態調用較不動態。請回想使用動態調用，你可以成功的加入許多不同的型別：int 與 double、short 與 float 等。只要是在 C# 程式碼中是合法的，在編譯的版本中就合法。你甚至可以加字串與數字。如果你嘗試使用演算式版本時做相同的情境，任何這些合法的動態版本都會發出一個 InvalidOperationException。雖然有可用的轉換運算，你建立的演算式不會納入這些轉換至 lambda 演算式中。動態調用做了更多的工作，因此它可支援更多類型的作業。

舉例來說，假設你想要更新 AddExpression 以便加入不同的型別與進行適當的轉換。你會單純的更新建立演算式的程式碼以納入由引數型別到目標型別的轉換。結果如下：

```
// 修正一個問題導致別的問題
public static TResult AddExpressionWithConversion
    <T1, T2, TResult>(T1 left, T2 right)
{
    var leftOperand = Expression.Parameter(typeof(T1),
        "left");
    Expression convertedLeft = leftOperand;
    if (typeof(T1) != typeof(TResult))
    {
        convertedLeft = Expression.Convert(leftOperand,
            typeof(TResult));
    }
    var rightOperand = Expression.Parameter(typeof(T2),
        "right");
    Expression convertedRight = rightOperand;
    if (typeof(T2) != typeof(TResult))
    {
        convertedRight = Expression.Convert(rightOperand,
        typeof(TResult));
    }
```

```
    var body = Expression.Add(convertedLeft, convertedRight);
    var adder = Expression.Lambda<Func<T1, T2, TResult>>(
        body, leftOperand, rightOperand);
    return adder.Compile()(left, right);
}
```

這個解法會修正任何需要轉換的加法，如加 double 和 int，或加 double 和 string 並把結果視為 string。但是當引數和預期的結果型別不相同時卻破壞了正確的用法。尤其是，如果你想加一個 TimeSpan 到一個 DateTime，這個版本無法成功。如再詳細看一下程式碼，你可以解決這個問題。但是，到那地步，你差不多已重新時做了 C#（請見作法 43）處理動態分派（dynamic dispatch）的程式碼。與其做所有這些工作，不如使用動態型別。

你應該在運算元和結果型別相同時用演算式版本。這個策略導向泛型型別引數的推斷以及在程式碼於執行期發生錯誤時更少的排列（permutations）。以下是我建議使用演算式實作執行期分派的版本：

```
public static class BinaryOperators<T>
{
    static Func<T, T, T> compiledExpression;

    public static T Add(T left, T right)
    {
        if (compiledExpression == null)
            createFunc();

        return compiledExpression(left, right);
    }

    private static void createFunc()
    {
        var leftOperand = Expression.Parameter(typeof(T),
            "left");
        var rightOperand = Expression.Parameter(typeof(T),
            "right");
        var body = Expression.Add(leftOperand, rightOperand);
        var adder = Expression.Lambda<Func<T, T, T>>(
            body, leftOperand, rightOperand);
        compiledExpression = adder.Compile();
```

```
    }
}
```

你仍然在呼叫 `Add` 時需要指定一個型別引數。如此一來，可讓你在呼叫位置利用編譯器做任何轉換。編譯器接下來就可以把一個 `int` 轉換為一個 `double`。以此類推。

使用動態型別與在執行期建立演算式有一些效能的代價。像任何的動態型別的系統，你的系統在執行期有較多的事情要做，因為編譯在之前並沒有做任何例行的型別檢查。這個代價不應該被過度渲染，因為 C# 編譯器可以產出有效率的程式碼做執行期的檢查。在大部分的情況中，使用動態型別會比你自己使用反映（reflection）寫程式並產出自己的延遲繫結（late binding）快。但是，執行期的工作並非是零。如果你可以使用靜態型別解決問題，解決方案毫無疑問會比使用動態型別快許多。

當你控制了所有涉及的型別，並且可以建立介面而不是使用動態程式設計，會是一個比較好的解決方案。你可以定義介面，針對介面寫程式，並在所有應該展示介面中定義的行為型別中實作介面。C# 的型別系統在此情況中，使你的程式碼產生型別錯誤更為困難，並且編譯器會產出更有效率的程式碼，因為它可以假設不會產生某些類型的錯誤。

在很多情況下，你可以使用 lambda 演算式建立泛型 API，並強迫呼叫者去定義你原本要在動態演算法中執行的程式碼。

第二個選擇會是使用演算式。如果你只有少量不同型別的排列組合以及少量可能的轉換，這會是一個合理的選擇。你可以控制建立的是哪一個演算式，因此可以控制在執行期有多少工作會發生。

當你使用動態型別時，層底的動態架構為使任何合法的建構能運作而工作，不管在執行期這工作是多麼昂貴。

關於本作法在一開始時所示範的 `Add()` 方法，在實際上是不太可能的。`Add()` 應該針對在 .NET 類別程式庫的一些型別運作。你不可能倒退一步並加入 `IAdd` 介面至那些型別中。你也不能保證所有第三方程式庫會依循你的新介面。以某一特定成員的存在為基礎而建造方法的最好方式，是寫一個動態方法把這個選擇延遲至執行期。動態實作會找尋一個適當的實作並使用它，並緩衝它以達到更佳效能。這個策略比一個純粹使用靜態型別的解決方案更昂貴，但是比分析運算式樹更為簡單。

作法 44　透過動態型別運用泛型引數執行期的型別

System.Linq.Enumerable.Cast<T> 強迫一個序列中的每一個物件為目標型別 T。這個行為是 Framework 的一部分，使 LINQ 查詢可和 IEnumerable（相對於 IEnumerable<T>）的序列一起使用。Cast<T> 是一個泛型方法，對 T 沒有限制。這使得它可用的轉換種類有所限制。如果你使用 Cast<T> 而沒有了解到它的限制，將會發現你在想這根本不能用。事實上，它的運作恰如其分－只不過不是你預期的那樣。讓我們來檢驗它的內部運作及限制。如此一來，建立一個不同的版本來做你預期的事就更容易了。

問題的根源在於 Cast<T> 是在沒有 T 的資訊，只知道 T 是 System.Object 的衍生類別就被編譯為 MSIL。因此這個方法使用 System.Object 中定義的功能做它的工作。請看以下的類別：

```
public class MyType
{
    public String StringMember { get; set; }

    public static implicit operator String(MyType aString)
        => aString.StringMember;

    public static implicit operator MyType(String aString)
        => new MyType { StringMember = aString };
}
```

作法 11 解釋了為何轉換運算子是不好的。但一個使用者定義的轉換運算子是這個問題的關鍵。請參考以下的程式碼（假設 GetSomeStrings() 傳回一個字串序列）：

```
var answer1 = GetSomeStrings().Cast<MyType>();
try
{
    foreach (var v in answer1)
        WriteLine(v);
}
```

```
catch (InvalidCastException)
{
    WriteLine("Cast Failed!");
}
```

在本做法開始之前，你可能會預期 GetSomeStrings().Cast<MyType>() 會把每一個字串使用 MyType 中定義的隱含正確的轉換為一個 MyType。現在你知道它不會如此；它發出一個 InvalidCastException。

前述的程式碼和以下使用查詢演算式的建構是等價的：

```
var answer2 = from MyType v in GetSomeStrings()
              select v;
try
{
    foreach (var v in answer2)
        WriteLine(v);
}
catch (InvalidCastException)
{
    WriteLine("Cast failed again");
}
```

範圍變數（range variable）上的型別宣告由編譯器呼叫 Cast<MyType> 進行轉換。再一次，它會發出一個 InvalidCastException。

以下是重構程式碼的方式之一，而且可以運作：

```
var answer3 = from v in GetSomeStrings()
              select (MyType)v;
foreach (var v in answer3)
    WriteLine(v);
```

有何差別呢？兩個不能運作的版本使用 Cast<T>()，而可以運作的版本把 cast 納入至 lambda 演算式中作為 Select() 的參數。Cast<T> 不能存取任何它的參數的執行期型別之使用者定義轉換。它唯一可用的轉換是參考轉換（reference conversion）及 boxing 轉換。當 is 運算子可成功時，參考轉換就可以成功（請見《*Effective C#*，第三版》作法 3）。一個 boxing 轉換把一個實值型別轉換為一個參考型別，或者相反（請見《*Effective C#*，第三版》作法 9）。Cast<T> 不能存取任何使用者定義的轉換，因為它只能假設 T 包含 System.Object 中定義的成員。System.Object 中並不包含任何使用者定義的轉換，所以那些是不合於被取用的。使用 Select<T> 的版本可成功是因為 Select<T> 使用的 lambda 演算式有一個輸入的 string 引數。這代表轉換運算的定義是基於 MyType。

我通常把轉換運算子視為程式碼〝壞味道〞（code smell）。有時候，它們是有用的，但有時候它們製造的問題比它們的功能還多。如果沒有轉換運算子可供使用，沒有開發者會嘗試去寫範例中不能運作的程式。

當然，我既然說不建議使用轉換運算子，則應該提供別的選擇。MyType 已包含一個可讀／寫的屬性儲存 string 屬性，所以你可以直接移除轉換運算子然後寫以下的建構：

```
var answer4 = GetSomeStrings().
    Select(n => new MyType { StringMember = n });
var answer5 = from v in GetSomeStrings()
                select new MyType { StringMember = v };
```

再者，如果有需要，你可以為 MyType 建立一個不同的建構函式。當然，現在只是試圖繞過 Cast<T> 的一個限制。現在你了解為何這些限制存在之後，可能選擇寫一個不同的方法繞過這些限制。技巧是寫泛型方法時，令它運用執行期的資訊來執行任何轉換。

你可以寫一頁又一頁以反映為基礎的程式碼來看有哪些轉換可用，進行任何這些轉換，然後回傳適當的型別－但這浪費了許多功夫。反而你應該讓 C# 4.0 的動態型別作所有這些粗重的工作。你只需要一個簡單的 Convert<T> 方法做你所預期的：

```
public static IEnumerable<TResult> Convert<TResult>(
    this System.Collections.IEnumerable sequence)
{
    foreach (object item in sequence)
    {
        dynamic coercion = (dynamic)item;
        yield return (TResult)coercion;
    }
}
```

現在，只要是有由來源型別到目標型別的轉換（隱含的或明確的），轉換都可以運作。依然是有涉及 casts，所以執行期仍然有可能失敗。當你在強迫轉型時，這只不過是遊戲的一部分。在許多情況中，`Convert<T>` 能做的比 `Cast<T>` 多，但它做工作也比較多。作為一個開發者，我們應該更關切哪些程式是需要我們的使用者去開發的，而不是我們自己寫。`Convert<T>` 可通過以下測試：

```
var convertedSequence = GetSomeStrings().Convert<MyType>();
```

`Cast<T>` 就像所有的泛型方法，編譯時只有引數的有限資訊。這可能導致泛型方法不如你預期那樣運作。根本的原因幾乎永遠是泛型方法無法知道代表型別引數的型別的特殊功能。當這發生時，一個動態型別的小應用可使執行期的反映做正確的事情。

作法 45 資料驅動（Data-Driven）動態型別使用 DynamicObject 或 IDynamicMetaObjectProvider

動態程式設計的一大優點是能建造依你的使用而在執行期改變 public 介面的型別。C# 是透過 `dynamic`、`System.Dynamic.DynamicObject` 基底類別，以及 `System.Dynamic.IDynamicMetaObjectProvider` 介面來提供此能力。使用這些工具，你可以建立你自己有動態功能的型別。

建立有動態功能的型別最簡單的方式，是由 `System.Dynamic.DynamicObject` 衍生。該型別使用一個 private 巢狀類別實作 `IDynamicMetaObjectProvider` 介面。這個 private 巢狀類別做了分析演算式並把結果傳遞給 `DynamicObject` 類別中的一個 virtual 方法。如果你能自 `DynamicObject` 衍生它，建立一個動態類別因而成為一個相當容易的習題。

舉例來說，參考一個實作動態 property bag 的類別。這個例子和 Razor property bags、ExpandObject 以及 Clay and Gemini 等專案類似。歷經產品及考驗的實作請參見以上的例子。當你一開始建 `DynamicPropertyBag` 時，它並沒有任何項目，所以它同時也沒有任何屬性。當你嘗試取得任何屬性時，它會發出一個例外。你可以呼叫任何屬性的 setter 加入屬性至 bag 中。在加入屬性之後，你可以呼叫 getter 並存取任何屬性：

```
dynamic dynamicProperties = new DynamicPropertyBag();

try
{
    Console.WriteLine(dynamicProperties.Marker);
}
catch (Microsoft.CSharp.RuntimeBinder.RuntimeBinderException)
{
    Console.WriteLine("There are no properties");
}

dynamicProperties.Date = DateTime.Now;
dynamicProperties.Name = "Bill Wagner";
dynamicProperties.Title = "Effective C#";
dynamicProperties.Content = "Building a dynamic dictionary";
```

動態 property bag 的實作需 override DynamicObject 基底類別中的 TrySetMember 與 TryGetMember 方法。

```
class DynamicPropertyBag : DynamicObject
{
    private Dictionary<string, object> storage =
        new Dictionary<string, object>();

    public override bool TryGetMember(GetMemberBinder binder,
        out object result)
    {
        if (storage.ContainsKey(binder.Name))
        {
            result = storage[binder.Name];
            return true;
        }
        result = null;
        return false;
    }

    public override bool TrySetMember(SetMemberBinder binder,
        object value)
    {
```

```
        string key = binder.Name;
        if (storage.ContainsKey(key))
            storage[key] = value;
        else
            storage.Add(key, value);
        return true;
    }

    public override string ToString()
    {
        StringWriter message = new StringWriter();
        foreach (var item in storage)
            message.WriteLine($"{item.Key}:\t{item.Value}");
        return message.ToString();
    }
}
```

動態 property bag 含有一個儲存屬性名稱及值的 dictionary。這工作是以 TryGetMember 及 TrySetMember 完成。

TryGetMember 檢查要求的名稱（binder.Name）。如果該屬性已儲存在 Dictionary 中，TryGetMember 會回傳它的值，如果值沒有被儲存，動態呼叫會失敗。

TrySetMember 以類似的方式完成它的工作。它檢查要求的名稱（binder.Name），然後在內部的 Dictionary 中為各項自動更新或建立值。因為你可以建立任何屬性，TrySetMember 方法永遠傳回 true，指出動態呼叫已成功。

DynamicObject 包含類似的方法處理對索引子、方法、建構函式、單元及二元運算子動態呼叫。你可以 override 任何這些成員來建立你自己的動態成員。在所有的情況中，你應該檢查 Binder 物件來看是哪一個成員被要求並且進行所需要的作業。如果有回傳值，你需要設定它們（在 out 引數中），並且不論你的多載是否有處理成員均進行回傳。

如果你想要建立一個允許動態行為的型別，使用 DynamicObject 作為基底類別是最容易的方式。當然，一個動態 property bag 也是可行的，讓我們再看一個例子以顯示一個動態型別是更有用的。

LINQ to XML 對 XML 的處理有一些很大的改進，但依然有我們可期盼的地方。請參考以下的一段 XML，其中包含一些太陽系的資訊：

```
<Planets>
  <Planet>
    <Name>Mercury</Name>
  </Planet>
  <Planet>
    <Name>Venus</Name>
  </Planet>
  <Planet>
    <Name>Earth</Name>
    <Moons>
      <Moon>Moon</Moon>
    </Moons>
  </Planet>
  <Planet>
    <Name>Mars</Name>
    <Moons>
      <Moon>Phobos</Moon>
      <Moon>Deimos</Moon>
    </Moons>
  </Planet>
  <!-- 其他資料省略 -->
</Planets>
```

要取得第一顆行星，寫法如下所示：

```
// 建立一份包含太陽系資料
// 的 XElement 文件：
var xml = createXML();

var firstPlanet = xml.Element("Planet");
```

沒有太糟糕，但一旦在檔案中探索的越深入，程式碼就更加複雜。取得地球（Earth，第三顆行星）的程式碼如下：

```
var earth = xml.Elements("Planet").Skip(2).First();
```

取得第三顆行星的名稱又需要更多的程式碼：

```
var earthName = xml.Elements("Planet").Skip(2).
    First().Element("Name");
```

當你想要取得月球的名稱，程式碼就變得真的很長：

```
var moon = xml.Elements("Planet").Skip(2).First().
        Elements("Moons").First().Element("Moon");
```

再者，本程式碼只有在 XML 中含有你找尋的節點時才能運作。如果 XML 檔發生問題，有一些節點缺損，程式碼就會發出例外。指定如何處理缺少的節點需加入更多的程式碼，而且僅僅只有處理潛在的錯誤而已。到這地步，已難分辨原來的目的為何。

現在假設你有一個資料驅動的型別可以使用 XML 元素的名，傳回元素的點記法（dot notation）。找出第一顆行星和以下所示一樣的簡單：

```
// 建立一份包含太陽系資料
// 的 XElement 文件：
var xml = createXML();

Console.WriteLine(xml);

dynamic dynamicXML = new DynamicXElement(xml);

// 舊方式：
var firstPlanet = xml.Element("Planet");
Console.WriteLine(firstPlanet);
// 新方式：
dynamic test2 = dynamicXML.Planet; // 回傳第一顆行星
Console.WriteLine(test2);
```

取得第三顆行星只需要使用索引子：

```
// 取得第三顆行星（Earth）：
dynamic test3 = dynamicXML["Planet", 2];
```

到達月球使用第二個鏈結的索引子是可能的：

```
dynamic earthMoon = dynamicXML["Planet", 2]["Moons", 0].Moon;
```

最後，因為程式碼是動態的，你可以定義語法使缺少的節點回傳一個空的元素。所有以下的呼叫，舉例來說，會回傳空的動態 XElement 節點：

```
dynamic test6 = dynamicXML["Planet", 2]
    ["Moons", 3].Moon; // 地球沒有四個月球
dynamic fail = dynamicXML.NotAppearingInThisFile;
dynamic fail2 = dynamicXML.Not.Appearing.In.This.File;
```

因為缺損的元素會回傳一個缺損的動態元素，你可以持續的提領元素並且得知合成的 XML 導覽中是否有元素缺損，最終的結果就是只有一個有缺損的元素。這個行為是由另一個由 `DynamicObject` 衍生的類別所完成。你必須 override `TryGetMember` 與 `TryGetIndex` 來回傳有適當節點的動態元素：

```
public class DynamicXElement : DynamicObject
{
    private readonly XElement xmlSource;

    public DynamicXElement(XElement source)
    {
        xmlSource = source;
    }

    public override bool TryGetMember(GetMemberBinder binder,
        out object result)
    {
        result = new DynamicXElement(null);
        if (binder.Name == "Value")
        {
            result = (xmlSource != null) ? xmlSource.Value : "";
            return true;
        }
        if (xmlSource != null)
            result = new DynamicXElement(xmlSource
                .Element(XName.Get(binder.Name)));
        return true;
    }

    public override bool TryGetIndex(GetIndexBinder binder,
        object[] indexes, out object result)
    {
        result = null;
        // 這只支援 [string, int] 索引子
        if (indexes.Length != 2)
            return false;
        if (!(indexes[0] is string))
```

```
            return false;
        if (!(indexes[1] is int))
            return false;

        var allNodes = xmlSource.Elements(indexes[0]
            .ToString());
        int index = (int)indexes[1];
        if (index < allNodes.Count())
            result = new DynamicXElement(allNodes
                .ElementAt(index));
        else
            result = new DynamicXElement(null);
        return true;
    }

    public override string ToString() =>
        xmlSource?.ToString() ?? string.Empty;
}
```

本程式碼大部分和本做法先前展示的程式碼觀念是相同的。但是 TryGetIndex 方法是新的。當客戶端程式碼呼叫索引子以取得一個 XElement 時，它必須實作動態行為。

使用 DynamicObject 使實作一個有動態行為的型別更為容易。DynamicObject 隱藏了建立動態型別大部分的複雜度。它提供了許多處理動態派送的實作。

但是有時候你會想要建立一個動態型別而不能使用 DynamicObject，因為你需要一個不同的基底類別。在這種情況下，你可以實作 IDynamicMetaObjectProvider 來建立一個動態 dictionary，而不是依賴 DynamicObject 為你負擔重任。

實作 IDynamicMetaObjectProvider 代表需要實作一個方法：GetMetaObject。以下是實作 IDynamicMetaObjectProvider 的第二版 DynamicDictionary，而不自 DynamicObject 衍生：

```
class DynamicDictionary2 : IDynamicMetaObjectProvider
{
    DynamicMetaObject IDynamicMetaObjectProvider.
        GetMetaObject(
```

```
        System.Linq.Expressions.Expression parameter)
    {
        return new DynamicDictionaryMetaObject(parameter, this);
    }

    private Dictionary<string, object> storage =
        new Dictionary<string, object>();

    public object SetDictionaryEntry(string key, object value)
    {
        if (storage.ContainsKey(key))
            storage[key] = value;
        else
            storage.Add(key, value);
        return value;
    }

    public object GetDictionaryEntry(string key)
    {
        object result = null;
        if (storage.ContainsKey(key))
        {
            result = storage[key];
        }
        return result;
    }

    public override string ToString()
    {
        StringWriter message = new StringWriter();
        foreach (var item in storage)
            message.WriteLine($"{item.Key}:\t{item.Value}");
        return message.ToString();
    }
}
```

每當被呼叫時，GetMetaObject() 回傳一個新的 DynamicDictionaryMetaObject。此處是第一個複雜性進入考量中。每次任何 DynamicDictionary 的成員被呼叫時 GetMetaObject() 都被呼叫。所以如果你呼叫同樣的成員十次，GetMetaObject() 就會被呼叫十次。縱使方法在 DynamicDictionary2 中是以靜態方式定義，GetMetaObject() 都會被呼叫並且能攔截那些可能啟動動態行為的方法。要記住動態物件的型別是定為靜態的 dynamic 型別，所以在編譯時，它們是沒有定義的行為。每一個成員的存取都是動態派送。

DynamicMetaObject 負責建立運算式樹以執行處理動態呼叫所需要的程式碼。它的建構函式接受演算式及動態物件作為引數。在建構函式完成後，其中之一的 Bind 方法會被呼叫。他的責任是建一個包含有演算式的 DynamicMetaObject 來執行動態呼叫。讓我們一同走完實作 DynamicDictionary 所必須的 Bind 方法：BindSetMember 與 BindGetMember 。

BindSetMember 建構一個會呼叫 DynamicDictionary2.SetDictionaryEntry() 以在 dictionary 中設定值的運算式樹。以下是它的實作：

```
public override DynamicMetaObject BindSetMember(
    SetMemberBinder binder,
    DynamicMetaObject value)
{
    // 在包含的類別中呼叫的方法：
    string methodName = "SetDictionaryEntry";

    // 設定 binding 限制：
    BindingRestrictions restrictions =
        BindingRestrictions.GetTypeRestriction(
        Expression, LimitType);

    // 設定引數：
    Expression[] args = new Expression[2];
    // 第一個引數是要定義屬性的名稱
    args[0] = Expression.Constant(binder.Name);
    // 第二個引數是值：
    args[1] = Expression.Convert(value.Expression,
        typeof(object));

    // 設定〝this〞參考：
    Expression self = Expression.Convert(Expression,
        LimitType);

    // 設定方法呼叫演算式：
```

```
    Expression methodCall = Expression.Call(self,
            typeof(DynamicDictionary2).GetMethod(methodName),
            args);

    // 建立一個 meta 物件稍後呼叫 Set：
    DynamicMetaObject setDictionaryEntry =
        new DynamicMetaObject(
        methodCall,
        restrictions);
    // 回傳動態物件：
    return setDictionaryEntry;
}
```

元程式設計（Metaprogramming）很快就令人混亂，所以我們慢慢走完這個例子。第一行設定 `DynamicDictionary` 中被呼叫的方法名稱："SetDictionaryEntry"。請注意 `SetDictionary` 回傳屬性設定的右側。這是重要的，因為以下的建構必須可運作：

```
DateTime current = propertyBag2.Date = DateTime.Now;
```

如果回傳值設定不正確，上述建構不能運作。

接下來，這個方法初始化了一組 `BindingRestrictions`。大部分的時候，你使用的限制就像例子中的一樣－也就是一個或多個來源演算式中給定限制及用作動態呼叫的目標型別。

方法其餘的部分以屬性名稱及使用的值建構呼叫 `SetDictionaryEntry()` 的方法呼叫演算式。屬性名稱是一個常數演算式，而值是一個會被延遲計算的轉換演算式。要注意 setter 的右側可能是一個方法呼叫或者是一個有副作用的演算式，這兩個選項都要在適當的時機計算。否則，使用方法的回傳值設定屬性值就不能運作：

```
propertyBag2.MagicNumber = GetMagicNumber();
```

當然，要實作 dictionary，你必須也同時實作 `BindGetMember`。`BindGetMember` 的運作完全相同。它建構一個演算式以便由 dictionary 取得屬性值。

```
public override DynamicMetaObject BindGetMember(
    GetMemberBinder binder)
{
    // 在包含的類別中呼叫的方法：
    string methodName = "GetDictionaryEntry";

    // 一個引數
    Expression[] parameters = new Expression[]
    {
    Expression.Constant(binder.Name)
    };

    DynamicMetaObject getDictionaryEntry =
        new DynamicMetaObject(
        Expression.Call(
            Expression.Convert(Expression, LimitType),
            typeof(DynamicDictionary2).GetMethod(methodName),
            parameters),
        BindingRestrictions.GetTypeRestriction(Expression,
            LimitType));
    return getDictionaryEntry;
}
```

在你繼續開開心心向前、認為這類程式設計沒有多難之前，讓我給你留一下些寫這類程式的一些想法。例子中呈現的是動態物件中最簡單的。你有兩個 API：屬性的 get 與屬性的 set。這些語法非常容易實作。縱使是這簡單的行為，也相當難把程式弄對。運算式樹的 debug 也很有挑戰性。更複雜的動態型別會需要更多的程式碼，代表把演算式弄對也就更困難。

再者，記住本節中早先所提出的一點：每一個你的動態物件的啟用都會建立一個新的 DynamicMetaObject 並且呼叫其中的一個 Bind 成員。你在寫這些方法時要兼顧效率與效能。它們經常被呼叫，而且要做的工作有許多。

實作動態的行為可能是嘗試解決你某些程式上的挑戰的好策略。在你考慮建立動態型別的選擇時，你的首選應該是自 System.Dynamic.DynamicObject 衍生。在你必須使用一個不同的基底類別的情況下，你可以實作 IDynamicMetaObjectProvider，但要記住這是一個困難的任務。再者，任何的動態型別都涉及一些效能的代價，而自己實作這些可能代價更大。

作法 46　了解如何運用 Expression API

.NET Framework 含有讓你反映型別或在執行期建立程式碼的 API。在執行期檢驗程式碼或建立程式碼的能力是很強大的。有很多不同的問題最適合用檢視程式碼或動態產生程式碼的方式來解。使用這些 API 的挑戰是它們是非常低階而且使用相當困難。身為一個開發者，我們渴望動態的解決問題的簡單方式。

在 C# 加入 LINQ 與動態支援後，你擁有比反映 API 更好的選擇：運算式與運算式樹。運算式看起來很像程式碼，而且在很多用途中，它們被編譯為委派。但是你也可以要求運算式規格的運算式。當你如此做時，會有一個物件代表你要執行的程式碼。你可檢驗該運算式，就像你用反映 API 檢驗一個類別一般。

除此之外，你可以建造一個運算式在執行期建立程式碼。一旦你建立了運算式樹，就可以編譯與執行運算式。這有無窮盡的可能性，畢竟你是在執行期建立程式碼。

讓我們探討兩個運算式可以令你日子好過些的常見工作。第一個工作式解決通訊架構上的常見問題。使用 WCF、remoting、網頁服務的典型工作流程是套用某種程式碼產生工具來產生一服務客戶端的 proxy。這個策略是有效的，但會導向一個重量級的解決方案－需要數百行程式碼。每當伺服器得到一個新的方法或改變引數列時你會需要更新 proxy。現在假設你可以寫以下的程式替代：

```
var client = new ClientProxy<IService>();
var result = client.CallInterface<string>(
    srver => srver.DoWork(172));
```

在此處，`ClientProxy<T>` 知道如何把每一個參數及方法放到線上，但事實上它對你實際存取的服務一無所知。除了依賴一些非常態的程式碼產生器之外，本程式碼使用運算式樹與泛型來推定你呼叫的是哪一個方法與使用哪些引數。

`CallInterface()` 方法需要一個引數。該引數是一個 `Expression<Func<T, TResult>>`。輸入引數（型別 `T`）代表一個實作 `IService` 的物件。

TResult，當然，是這特定方法的回傳。引數是一個運算式，而且你甚至不需要實作 IService 的物件實體來寫這程式碼。演算法的核心是在 CallInterface() 方法中。

```
public TResult CallInterface<TResult>(Expression<
    Func<T, TResult>> op)
{
    var exp = op.Body as MethodCallExpression;
    var methodName = exp.Method.Name;
    var methodInfo = exp.Method;
    var allParameters = from element in exp.Arguments
                        select processArgument(element);
    Console.WriteLine($"Calling {methodName}");

    foreach (var parm in allParameters)
        Console.WriteLine(@$"\tParameter type =
            {parm.ParmType},
            Value = {parm.ParmValue}");
    return default(TResult);
}

private (Type ParmType, object ParmValue) processArgument(
    Expression element)
{
    object argument = default(object);
    LambdaExpression expression = Expression.Lambda(
        Expression.Convert(element, element.Type));
    Type parmType = expression.ReturnType;
    argument = expression.Compile().DynamicInvoke();
    return (parmType, argument);
}
```

由 CallInterface() 的開始處看起，本程式碼的第一件事情是看運算式樹的本體－也就是在 lambda 運算子右側的部分。再次參考呼叫 CallInterface() 的例子，它以 srver.DoWork(172) 呼叫方法。MethodCallExpression 含有所有你需要了解的所有引數以及被呼叫的方法資訊。從方法名稱中很容易就可知道：它是被儲存在 Method 屬性中的 Name 屬性裡。在本例中，名稱是〝DoWork〞。LINQ 查詢處理任何及所有本方法的引數。

更有趣的工作發生在計算每一個引數運算式的 processArgument。在早先的例子中，只有一個參數－一個常數，值 172。那個策略不是很健全，所以新的程式碼採取了一個不同的策略。本例子中的引數可能是方法呼叫、屬性或索引子的存取子，或者甚至是欄位的存取子。任何方法呼叫中也可能同時包含那些型別的引數。與其去分析一切，本方法利用 LambdaExpression 型別並計算每一個引數運算式。每一個引數運算式－縱使是 ConstantExpression －都可以被表示為一個 lambda 運算式的回傳值。ProcessArgument() 把引數轉換為一 LambdaExpression。在常數運算式的情況中，它會被轉換為相當於 () => 172 的 lambda 運算式。如早先所提的，一個 lambda 運算式可以被編譯為一個委派，然後委派就可以被啟用。以引數運算式而言，例子中的程式碼建立一個回傳常數值 172 的委派。可以開發更複雜的運算式以建立更複雜的 lambda 運算式。

一旦 lambda 運算式被建立，你可以由 lambda 取得引數的型別。請注意範例方法並沒有對引數進行處理。只有當 lambda 運算式被叫用時 lambda 運算式中計算引數的程式碼才會執行。這個策略美妙之處是在於方法中甚至可包含其他對 CallInterface() 的呼叫。這一類的建構運作如下：

```
client.CallInterface(srver => srver.DoWork(
    client.CallInterface(srv => srv.GetANumber())));
```

經由使用這個技巧，你可以在執行期使用運算式樹去決定使用者想要執行哪一段程式碼。很難在一本書中示範這個層面，但因為 ClientProxy<T> 是一個使用服務介面作為型別引數的泛型類別，CallInterface 方法是強型別的。Lambda 運算式中的方法呼叫必須是一個在伺服器上定義的成員方法。

第一個例子解說如何可以剖析運算式以轉換程式碼（或至少是定義程式碼的運算式）為隨後你用來實作執行期演算法的資料元素。第二個例子則反向的，介紹想要在執行期產生程式碼的情境。

一個在大型系統中經常要解決的問題是有關由一些相關的來源型別建立某種目標型別的物件。舉例來說，你工作的大型企業可能有不同廠商的系統，每一個系統都有一個不同的聯絡人（眾多型別之一）型別。當然，你可以手動設定方法的型別，但是如此做很繁瑣。比較好的做法是建立某種可以推定出明顯的實作的型別。你可能想要寫如以下所列的程式：

```
var converter = new Converter<SourceContact,
    DestinationContact>();
DestinationContact dest2 = converter.ConvertFrom(source);
```

作為解決方案的一部分，你會預期轉換器把來源的每一個屬性複製到目標，使得屬性有相同的名字，並且來源物件有一個 public 的 get 存取子與目標型別有一個 public 的 set 存取子。這一類的執行期程式碼的產生最適合由建立運算式處理，然後編譯與執行它。你想要產生的程式碼做類似如下所列的事情：

```
// 不合法的 C#；僅解釋用
TDest ConvertFromImaginary(TSource source)
{
    TDest destination = new TDest();
    foreach (var prop in sharedProperties)
        destination.prop = source.prop;
    return destination;
}
```

你需要建立一個運算式來產出程式碼，負責執行上述的虛擬程式碼。以下是建立運算式並編譯它為函式的完整方法。緊接以下所列程式碼之後，我們將詳細檢視這個方法的所有部分。起先有些困難，但沒有你處理不了的。

```
private void createConverterIfNeeded()
{
    if (converter == null)
    {
        var source = Expression.Parameter(typeof(TSource),
            "source");
        var dest = Expression.Variable(typeof(TDest), "dest");

        var assignments = from srcProp in
            typeof(TSource).GetProperties(
            BindingFlags.Public | BindingFlags.Instance)
               where srcProp.CanRead
               let destProp = typeof(TDest).GetProperty(
                   srcProp.Name,
                   BindingFlags.Public |
                   BindingFlags.Instance)
               where (destProp != null) && (destProp.CanWrite)
               select Expression.Assign(
```

```
                    Expression.Property(dest, destProp),
                    Expression.Property(source, srcProp));

        // 組合出主體：
        var body = new List<Expression>();
        body.Add(Expression.Assign(dest,
            Expression.New(typeof(TDest))));
        body.AddRange(assignments);
        body.Add(dest);

        var expr =
            Expression.Lambda<Func<TSource, TDest>>(
                Expression.Block(
                new[] { dest }, // 運算式引數
                body.ToArray() // 主體
                ),
                source  // Lambda 運算式
            );

        var func = expr.Compile();
        converter = func;
    }
}
```

本方法建立的程式碼模仿先前的虛擬程式碼，首先宣告引數：

```
var source = Expression.Parameter(typeof(TSource), "source");
```

然後你宣告一個區域變數用來儲存目標：

```
var dest = Expression.Variable(typeof(TDest), "dest");
```

方法中有一段程式用來把來源物件中的屬性指派給目標物件，在此處是寫成一個 LINQ 查詢。LINQ 查詢的來源序列是來源物件中所有具備 `get` 存取子的 public 屬性所成的集合：

```
from srcProp in typeof(TSource).GetProperties(
                BindingFlags.Public | BindingFlags.Instance)
                where srcProp.CanRead
```

`let` 敘述宣告了區域變數用來儲存目標型別中具有相同名稱的屬性。如果目標型別中沒有正確型別的屬性，該變數可能為 null：

```
let destProp = typeof(TDest).GetProperty(
               srcProp.Name,
               BindingFlags.Public | BindingFlags.Instance)
        where (destProp != null) && (destProp.CanWrite)
```

查詢的投影部分是一個指派敘述的序列用來把目標物件的屬性指派為來源物件中具有相同名稱的屬性值：

```
select Expression.Assign(
       Expression.Property(dest, destProp),
       Expression.Property(source, srcProp));
```

方法剩餘的部分建立 lambda 運算式的主體。Expression 類別的 Block() 方法需要一個運算式陣列中的所有敘述。下一步就是建立一個 List<Expression>，在其中你可以輕易的轉換為一個陣列。

```
var body = new List<Expression>();
body.Add(Expression.Assign(dest,
    Expression.New(typeof(TDest))));
body.AddRange(assignments);
body.Add(dest);
```

最後，是時候建立一個目前所建立的、用來回傳所有敘述的 lambda 運算式：

```
var expr =
    Expression.Lambda<Func<TSource, TDest>>(
        Expression.Block(
        new[] { dest }, // 運算式引數
        body.ToArray() // 主體
        ),
        source  // Lambda 運算式
    );
```

這就是你需要的全部程式碼。現在，是時候把它編譯為一個你可呼叫的委派：

```
var func = expr.Compile();
converter = func;
```

這個例子是複雜的，而且程式碼不是特別容易寫。你常在執行期直到演算式被正確的建立前會遇到很像編譯器產生的錯誤持續出現。這個解決方案對解決簡單問題而言顯然不是最好的方法。縱使如此，Expression API 比前一代產出 IL 的反映 API 要簡單得多。這個事實促使我們訂定何時該使用 Expression API 的指導原則：當你在想使用反映時，試圖用 Expression API 解決問題取代。

Expression API 可以以兩種不同的方式使用。第一，你可以建立接受運算式作為引數的方法，讓你可以分析這些運算式，並且依照被呼叫的運算式背後的觀念建立程式碼。第二，你可以在執行期建立程式碼；也就是說，你可以建立類別來產出程式碼並執行產出的程式碼。這個策略是解決一些更困難的具廣泛目的問題之有力方法。

作法 47　在公開的 API 中減少動態物件的使用

在一個靜態型別為主的系統中，動態物件的行為不是很好。型別系統把它們視為 System.Object 的實體，但其實它們是特別的實體。你可以要求動態物件做的事永遠超過 System.Object 中所定義的。編譯器產出尋找與執行你試圖存取的成員之程式碼。

但動態物件同時也是咄咄逼人的－它們碰過的所有東西全變成動態的。進行一項運算，其中如任何一個引數是動態的，結果就是動態的。由一個方法回傳一個動態物件，所以使用該物件的地方全變成動態物件。這有點像在看培養皿中的黴菌。很快，一切都是動態的，所有地方都沒有剩下任何型別的安全性。

生物學家在培養皿中培養菌落，以限制聚落有機體的擴散，你對動態型別需要做相同的事情：在一隔離的環境中運用動態物件並回傳靜態型別為 dynamic 以外的物件。否則，動態型別帶來壞的影響，導致你應用程式中的一切逐漸成為動態的。

這並不是在推論動態程式設計在所有情況下都是不好的。本章中的其他做法所涵蓋的一些技術，在其中動態程式設計是優秀的解決方案。但是動態型別和靜態型別是很不一樣的，有著不同的慣用法、不同的語法及不同的策略。在沒有採取預防措施就混合兩種型別會導致大量的錯誤與效能低落。

C# 是一個靜態型別的語言，所以它在某些範圍支援動態型別。因此，如果你是使用 C#，則應該花大部分的時間使用靜態型別並減少動態功能的範圍。如果你想要寫的程式完全是動態的，則應該選擇一個動態的語言而不是靜態型別的。

如果你計畫在你的程式中使用動態功能，你應該嘗試把它們侷限在你的型別的 public 介面之外。如此，你可以在一個單一物件（或型別）的培養皿中使用動態型別，並且可以防止動態型別感染到程式的其餘部分，或者是使用你的物件的開發者所開發的程式碼。

使用動態型別的情境之一是與動態環境中建立的物件互動，例如在 IronPython 中。當你的設計使用了由動態程式語言所建立的動態物件，你應該把它們包覆在 C# 物件中。這樣的物件可令其餘的 C# 世界幸福的忽略動態型別曾經發生。

在那些使用動態型別去產出鴨子型別的情況中，你可能想要採取一個不同的解決方案。請看作法 43 中鴨子型別的用法。在每一情況中，計算的結果都是動態的。那看起來可能沒有很糟糕，但你應該了解在這樣子情況下編譯器做了大量的工作。以下兩行程式碼（請見作法 43）

```
dynamic answer = Add(5, 5);
Console.WriteLine(answer);
```

轉變為以下的，以處理動態物件：

```
// 編譯器產生；不是正常的 C# 使用者程式
object answer = Add(5, 5);
if (<Main>o__SiteContainer0.<>p__Site1 == null)
{
    <Main>o__SiteContainer0.<>p__Site1 =
        CallSite<Action<CallSite, Type, object>>.Create(
        new CSharpInvokeMemberBinder(
        CSharpCallFlags.None, "WriteLine",
        typeof(Program), null, new CSharpArgumentInfo[]
        {
            new CSharpArgumentInfo(
            CSharpArgumentInfoFlags.IsStaticType |
            CSharpArgumentInfoFlags.UseCompileTimeType,
            null),
```

```
            new CSharpArgumentInfo(
                CSharpArgumentInfoFlags.None,
            null)
        }));
}
<Main>o__SiteContainer0.<>p__Site1.Target.Invoke(
   <Main>o__SiteContainer0.<>p__Site1,
   typeof(Console), answer);
```

動態型別不是免費的。編譯器必須產生相當多的程式使動態叫用在 C# 能運作。更糟的是，在每一處你叫用動態 Add( ) 方法時，該程式碼就會重複－而該重複的程式碼會對你的應用程式帶來大小及效能上的影響。

你可以像作法 43 中展示的一樣把 Add( ) 方法用一些泛型語法包覆來建立一個把動態型別限制在一個區域的版本。使用這個策略，相同的程式碼會在較少的位置被重複。

```
    private static dynamic DynamicAdd(dynamic left,
        dynamic right) =>
        left + right;

// 包覆：
public static T1 Add<T1, T2>(T1 left, T2 right)
{
    dynamic result = DynamicAdd(left, right);
    return (T1)result;
}
```

編譯器產出所有的動態呼叫位置程式碼於泛型 Add( ) 方法中，因而侷限它於一個位置。再者，呼叫位置變得更簡單些。在先前每個結果都是動態的，現在的結果有靜態型別，和第一個參數的型別吻合。當然，你可以建立多載以控制結果型別：

```
public static TResult Add<T1, T2, TResult>
    (T1 left, T2 right)
{
    dynamic result = DynamicAdd(left, right);
    return (TResult)result;
}
```

在兩個情況中，呼叫位置是完全活在強型別的世界中：

```
int answer = Add(5, 5);
Console.WriteLine(answer);

double answer2 = Add(5.5, 7.3);
Console.WriteLine(answer2);

// 型別參數需要，因為
// 參數的型別不相同
answer2 = Add<int, double, double>(5, 12.3);
Console.WriteLine(answer);

string stringLabel = System.Convert.ToString(answer);

string label = Add("Here is ", "a label");
Console.WriteLine(label);

DateTime tomorrow = Add(DateTime.Now, TimeSpan.FromDays(1));
Console.WriteLine(tomorrow);

label = "something" + 3;
Console.WriteLine(label);
label = Add("something", 3);
Console.WriteLine(label);
```

前述的程式碼和作法 43 的例子相同，但它的回傳值包含靜態型別而不是動態的。結果就是呼叫者不需要處理動態型別物件了。也就是說，呼叫者處理的是靜態型別，安全的忽略使動態作業可以運作而需要冒的風險。事實上，他們不需要知道你的演算法是否為偏離型別系統的安全性。

在本章中，你已見到動態型別應該被隔離至最小可能的範圍。當程式碼需要用動態功能時，例子中依賴的是動態的區域變數。然後方法把該動態物件轉換為強型別物件，使得動態物件永遠不會離開方法的範圍。當你使用一個動態物件實作一個演算法時，你可以避免該動態物件成為你介面的一部分。

但是有時候問題的本質要求一個動態物件成為介面的一部分。但這依然不是把一切弄成動態的藉口：只有依賴動態行為的成員才應該使用動態物件。你可以在相同 API 中混合動態與靜態型別，但理想上你應當盡可能建立靜態型別的程式碼。只有在必要的時候才使用動態型別。

所有的程式設計師在某個時間點必定用過不同格式的 CSV 資料。在 *https://github.com/JoshClose/CsvHelper* 有一個歷經上線考驗的程式庫。讓我們以這一類資料看一個簡單的實作。以下的程式碼片段讀取兩個有不同標題的 CSV 檔然後把項目展示在每一列中：

```
var data = new CSVDataContainer(
    new System.IO.StringReader(myCSV));
    foreach (var item in data.Rows)
        Console.WriteLine(@$"{item.Name}, {item.PhoneNumber},
{item.Label}");

data = new CSVDataContainer(
    new System.IO.StringReader(myCSV2));
foreach (var item in data.Rows)
    Console.WriteLine(@$"{item.Date}, {item.high},
{item.low}");
```

這個 API 的風格是較適合作為一個一般的 CSV 讀取類別。在列舉包含有每列標題名稱屬性的資料後傳回列。顯然的，列標題名稱在編譯時是不知道的，所以這些屬性應該是動態的。但是沒有任何 `CSVDataContainer` 的其他需求要被動態化。`CSVDataContainer` 不支援動態型別。但 `CSVDataContainer` 的 API 的確包含一個代表傳回的一列動態物件：

```
public class CSVDataContainer
{
    private class CSVRow : DynamicObject
    {
        private List<(string, string)> values =
            new List<(string, string)>();
        public CSVRow(IEnumerable<string> headers,
            IEnumerable<string> items)
        {
            values.AddRange(headers.Zip(items,
                (header, value) => (header,
                        value)));
        }

        public override bool TryGetMember(
            GetMemberBinder binder,
            out object result)
        {
```

```
            var answer = values.FirstOrDefault(n =>
                n.Item1 == binder.Name);
            result = answer.Item2;
            return result != null;
        }
    }
    private List<string> columnNames = new List<string>();
    private List<CSVRow> data = new List<CSVRow>();

    public CSVDataContainer(System.IO.TextReader stream)
    {
        // 讀取標題：
        var headers = stream.ReadLine();
        columnNames =
            (from header in headers.Split(',')
                select header.Trim()).ToList();

        var line = stream.ReadLine();
        while (line != null)
        {
            var items = line.Split(',');
            data.Add(new CSVRow(columnNames, items));
            line = stream.ReadLine();
        }
    }
    public dynamic this[int index] => data[index];

    public IEnumerable<dynamic> Rows => data;
}
```

縱使你需要揭露一個動態型別作為你介面的一部分，該揭露應有絕對的需要才發生。API 為動態是因為他們必須如此－沒有對欄位名稱的動態支援你就不可能有任何可能的 CSV 格式。雖然你可以選擇把一切都以動態型別揭露，但在介面中只有在功能上有要求動態型別時它才會出現。

因為篇幅上的考量，前述例子忽略了 `CSVDataContainer` 的其他功能。想像一下你如何實作 `RowCount`、`ColumnCount`、`GetAt(row, column)` 及其他 API。你在頭腦中所想的實作不會在 API 中使用動態物件，甚至在實作中也是。你可以用靜態型別達到這些需求，而且也應該如此。你應該在有真正的需求時才會在 public 介面上使用動態型別。

動態型別是一個有用的功能，縱使是在如 C# 一般的靜態型別語言中也是如此。但請記住 C# 依然是一個靜態型別的語言－並且了解大部分的 C# 程式都應該盡量使用語言所提供的型別系統。動態程式設計依然是有用的，但它在 C# 中最有用的是當你把它侷限在真正需求的位置，並且立即將動態物件轉換為一個不同的靜態型別。當你的程式碼需要使用一個在別的環境中所建立的動態型別時，把這些動態型別包覆起來並且在 public 介面用不同的靜態型別提供。

參與全球 C# 社群 6

C# 語言在全球有數百萬個開發者在使用。這個社群建立一個知識體系與語言的普遍看法。C# 的問題與答案經常性的列於 Stack Overflow 前十名的類別中。語言的團隊也對於本社群做出貢獻，在 GitHub 上討論語言的設計。除此之外，編譯器在 GitHub 上是以開源軟體方式提供使用。你也需要涉入，成為社群的一部分。

作法 48 尋求最好的答案，而不是最受歡迎的答案

一個受歡迎的程式語言社群的挑戰是在語言加入新的功能時發展對應的慣用法。C# 團隊持續加入功能到語言中，這些功能著重的語法難以正確的撰寫。C# 社群希望更多的人採納這些新的慣用法，但是大量既存的工作要求的是先前的模式。有大量已上線的程式碼是用語言早期的版本寫的。那些產品中的例子代表的是在它們設計當時的最佳用法。新的、更好的技巧也需要時間才能在搜尋引擎及其他網站中成為最受歡迎的選擇。

C# 社群引導廣大與廣泛的一群開發者。好消息是這個廣大的社群提供豐富的資訊助你學習 C# 並改進你的程式設計技巧。把你的問題輸入至搜尋引擎中，則立即可得到成千上百的答案。好的答案需要時間累積歡迎度以晉升到排行榜的頂部。一旦好的答案到達搜尋結果的第一頁，最受歡迎的答案中就會出現更新、更好的答案。

C# 社群的龐大代表線上結果的改變是以冰河的速度在發生。較新的開發者在搜尋解決方案時很可能發現，好的答案顯示的是語言在兩、三版之前的最佳想法。但事實上，這些過時的答案受歡迎的程度往往是加入新的語言功能的動機。語言的設計團隊評估新功能並加入那些最能影響開發者每日

工作的項目。先前所需要解決的方法與額外的程式常常正好就是這些新功能被加入的原因。解決方法的受歡迎程度指出新功能的重要性。現在是該由我們這些專業開發人員幫忙指出最佳功能的時候。

有一個相關的例子在《*Effective C#*，第三版》作法 8 中有提到。該作法指出使用 `?.` 運算子叫用委派或舉發一個事件提供一個執行緒安全的方式來檢查 `null` 並在結果不是 `null` 時叫用這些方法。初始化一個區域變數並在舉發事件前檢查它的慣用法有一段長的歷史，而這個過時的慣用法依然是許多網站上的最受歡迎解決方案。

大部分輸出處理文字輸出的範例程式碼與上線版的程式碼使用古老的定位語法進行字串格式化與代換。《*Effective C#*，第三版》作法 4 與 5 介紹了新的字串插入語法。

專業的開發者應盡他們的所能促進最佳的現代技術。第一而且是最重要的是，在你搜尋答案時，要超越最受歡迎的答案去尋找現代 C# 開發的最佳解答。做充分的研究決定哪一個答案對你的環境與你必須支援的平台及版本而言是最佳答案。

第二，一旦你找到最佳答案，就要支持它。這就是較新的答案慢慢地晉升到結果頁的頂部成為最受歡迎答案的方式。

第三，如果有可能，以更受歡迎的答案更新頁面來參考更新、更好的答案。

最後，在你為自己的基底程式工作時，要隨著每一個更新使程式碼更好。看看你正在更新的程式碼並決定是否有機會用更好的技術重構它－然後做一些修正。你不會再一次更新整個基底程式，但少量的額外用心卻是可以累加的。

隨著這些建議成為一個好成員，你就可以幫助 C# 社群的其他人找到現代問題的最佳、最相關的答案。

大的社群採納更新、更好的慣例需要時間。有些會立即成為焦點，有些好幾年後才會。不管你和你的團隊在技術採用曲線上的哪一個位置，你都可以協助促進現代開發的最佳答案。

作法 49 參與規格及程式碼的訂定

C# 開源的特性延伸至編譯器程式碼之外。語言設計的過程也是一個開放的程序。有很豐富的資源可協助你繼續學習與增長你的 C# 知識。取用這些資源是你學習、保持技術是最新的，以及參與 C# 進行中的演化的最好途徑。尤其是你應經常訪視 *https://github.com/dotnet/roslyn* 與 *https://github.com/dotnet/csharplang*。

這類型的合作代表 C# 社群的重大改變，但提供你學習並與其他開發夥伴互動的新方式。有很多方式可供你參與與成長。

C# 是一個開源的語言，你可以建立你自己的編譯器並使用自己的 C# 編譯器。你可以提交更改給語言開發者，甚至建議你自己的功能與加強。如果你有好的主意，可以 fork 然後開發原型，並為你的新功能提交 pull request。

在社群中這種類型的參與所投入的工作可能超過你的預期，但是還有很多其他方式可讓你參與的。如果你發現任何問題，可以在 Roslyn 在 GitHub 的 repository 回報。在該處鑑定出來的未解決議題指出 C# 團隊正在處理或已規劃的項目。議題包含懷疑的 bugs、規格問題、新功能要求及語言進行中的更新。

你也可以在 CSharpLang repository 找到任何新功能的規格。這些規格是你學習即將出現的新功能以及參與語言的設計與演化的方式。所有的規格都開放評論與討論。閱讀社群其他成員的想法、參與討論，並且參與你喜愛的語言的發展。新的規格在就緒可供檢視後就會被發布，公布的頻率依釋出的週期而定。大部分新釋出的規格都是在早期規劃的階段公布，比較少的是在最終階段才釋出。縱使是在較早的階段，你可以每周讀一、兩個功能規格跟上進度。規格的參考文獻可在 CSharpLang repository 的〝Proposals〞檔案夾中找到。每個提案都一個〝champion〞議題可用來追蹤進度。這些議題也就是你可以針對現行提案評論的地方。

除了規格之外，語言設計會議的記錄也被公布在 CSharpLang repository。閱讀這些文件可讓你對語言中新功能背後的考量有更深入的認識。你會學習到在一個成熟的語言中加入任何新功能所涉及的限制。語言設計團隊討論，任何新功能的正面及負面影響、好處、規劃時程並指出衝擊所在。你會學習到每一個新功能預期的情境。這些記錄是開放評論與討論的。把你的聲音加入，對語言的發展產生興趣。語言設計團隊大約一個月開會一次，而記錄在每一個會議結束不久之後即會公布。閱讀這些記錄不會花你很多的時間，而且是一個有豐富回報的投資。會議記錄是公布在 CSharpLang repository 的〝Meetings〞檔案夾內。

C# 語言規格已被轉為 markdown，並且儲存在 CSharpLang repository 內。如果你發現錯誤，可以評論、寫一個議題，甚至發一個 pull request（PR）。

如果你想更冒險一些，可以 clone Roslyn repository 並看看編譯器的單元測試。你可以深入探勘語言中主宰任何功能的規則。

C# 社群由一個封閉原始碼、只有社群中少部分人可以早期存取、參與討論的社群轉變為對整個 C# 社群開放原始碼是一個巨大的改變。你應該參與，學習下一個是出版終將出現的功能。在你最感興趣的地方積極涉入。

作法 50　考慮用分析器自動化慣用法

《*Effective C#*，第三版》與本書都包含有寫更好程式碼的建議。實作許多這些建議的方法可以用應用程式分析器與使用 Roslyn API 建的程式更新來支援。這些 API 啟用 add-ins 在語法的層次分析程式碼並修改程式碼以引入較佳的用法。

好消息是你不需要自己去寫這些分析器。有數個開源的計畫提供對一系列慣用法的分析器與程式碼修正。

其中一個很受歡迎的計畫是由 Roslyn 編譯器團隊建立的。Roslyn 分析器計畫（*https://github.com/dotnet/roslyn-analyzers*）開始時是一種提供團隊驗證靜態分析 API 的方式。後來的成長納入了許多 Roslyn 團隊使用的許多常見指導原則的自動化驗證。

另一個受歡迎的計畫是 Code Cracker 計畫（*https://github.com/code-cracker/code-cracker*）。這個計畫是由 .NET 社群的成員建立，計畫反映出他們在寫作程式碼的最佳慣用法之想法。有 C# 與 VB.NET 版的分析器提供使用。

另外一群社群成員建立了一個 GitHub 組織，並設計了一組分析器實作不同的建議。請訪視 .NET Analyzers 組織的頁面（*https://github.com/DotNetAnalyzers*）來進一步了解。這些開發者為不同的應用程式類型及程式庫建立了分析器。

在你安裝任何這些分析器之前，研究一下他們強調的是哪些規則以及他們對強調的規則有多嚴格。分析器可以用資訊、警告，甚至錯誤的方式回報規則的違反。除此之外，不同的分析器對不同的規則有不同意見。規則之間可能有衝突。你可能會發現修正一條規則的違反可能觸發另一個分析器辨認出另一個違反。（舉例來說，有一些分析器偏好使用 `var` 宣告隱含型別的變數，而其他的分析器卻偏好每一個變數的型別明確的被指定。）使用這些選項建立對你有用的設定。在這個過程中，你會學到更多每個分析器的規則與慣用法。

如果有你想跟隨的慣用法但沒有被你能找到的分析器採用，你可以考慮建立一自己的分析器。Roslyn Analyzers repository 中的分析器是開源的，並且提供一個很棒的範本供建立分析器之用。建立一個分析器是一個高深的議題，需要對 C# 語法及語意分析有深入的了解。但是，建立一個簡單的分析器可以帶來對 C# 語言深入的理解。如要開始如此做，你可以探索一個我用來解釋這些技巧的 repository。這個 repository 位於 GitHub（*https://github.com/BillWagner/NonVirtualEventAnalyzer*），示範如何建立一個可找出到置換 virtual 事件（請見作法 21）的分析器。每個數字的分支都顯示分析與修正程式碼的一步。

針對分析器及程式碼修正的 Roslyn API，支援任何你想要落實的程式碼慣用化的自動化驗證。由團隊及社群建造豐富的一組分析器供你使用。如果這些分析器沒有適合你用的，你也可以建造屬於你自己的。這是一個進階的技術，可以幫助你對 C# 語言規則有更深入的了解。

索引

※ 提醒您：由於翻譯書排版的關係，部分索引名詞的對應頁碼會和實際頁碼有一頁之差。

Numbers

A

B

C

D

F

G

H

I

J

L

M

N

O

P

Q

R

T

U

V

More Effective C#中文版 | 寫出良好 C#程式的 50 個具體做法第二版

作　　者：Bill Wagner
譯　　者：陳開煇 / 孫天佑
企劃編輯：蔡彤孟
文字編輯：江雅鈴
設計裝幀：張寶莉
發 行 人：廖文良

發 行 所：碁峰資訊股份有限公司
地　　址：台北市南港區三重路 66 號 7 樓之 6
電　　話：(02)2788-2408
傳　　真：(02)8192-4433
網　　站：www.gotop.com.tw
書　　號：ACL050600
版　　次：2018 年 05 月初版
建議售價：NT$450

國家圖書館出版品預行編目資料

More Effective C#中文版：寫出良好 C#程式的 50 個具體做法 / Bill Wagner 原著；陳開煇, 孫天佑譯. -- 初版. -- 臺北市：碁峰資訊, 2018.05
面；　公分
譯自：More Effective C#
ISBN 978-986-476-789-2(平裝)
1.C#(電腦程式語言)
312.932C　　107004672

讀者服務

- 感謝您購買碁峰圖書，如果您對本書的內容或表達上有不清楚的地方或其他建議，請至碁峰網站：「聯絡我們」\「圖書問題」留下您所購買之書籍及問題。(請註明購買書籍之書號及書名，以及問題頁數，以便能儘快為您處理)
http://www.gotop.com.tw

- 售後服務僅限書籍本身內容，若是軟、硬體問題，請您直接與軟體廠商聯絡。

- 若於購買書籍後發現有破損、缺頁、裝訂錯誤之問題，請直接將書寄回更換，並註明您的姓名、連絡電話及地址，將有專人與您連絡補寄商品。

- 歡迎至碁峰購物網
http://shopping.gotop.com.tw
選購所需產品。